婴幼儿
健康成长餐单

解超英 ◎主编

U0386016

黑龙江出版集团
黑龙江科学技术出版社

图书在版编目（CIP）数据

婴幼儿健康成长餐单 / 解超英主编 . -- 哈尔滨 ：
黑龙江科学技术出版社，2017.6
ISBN 978-7-5388-9147-8

Ⅰ．①婴… Ⅱ．①解… Ⅲ．①婴幼儿－保健－食谱
Ⅳ．① TS972.162

中国版本图书馆 CIP 数据核字（2017）第 028013 号

婴幼儿健康成长餐单

YING-YOU'ER JIANKANG CHENGZHANG CANDAN

主　　编	解超英
责任编辑	刘　杨
摄影摄像	深圳市金版文化发展股份有限公司
策划编辑	深圳市金版文化发展股份有限公司
封面设计	深圳市金版文化发展股份有限公司
出　　版	黑龙江科学技术出版社
	地址：哈尔滨市南岗区建设街 41 号　邮编：150001
	电话：(0451)53642106　传真：(0451)53642143
	网址：www.lkcbs.cn　　www.lkpub.cn
发　　行	全国新华书店
印　　刷	深圳市雅佳图印刷有限公司
开　　本	723 mm×1020 mm　1/16
印　　张	7
字　　数	90 千字
版　　次	2017 年 6 月第 1 版
印　　次	2017 年 6 月第 1 次印刷
书　　号	ISBN 978-7-5388-9147-8
定　　价	19.80 元

序言 PREFACE

孩子成长真是无比神奇的一件事。孩子第一次微笑、第一次叫妈妈、第一次长牙、第一次拿筷子……有太多太多的第一次，带给妈妈无穷的惊喜和感动。正如刘瑜在写给女儿小布谷满百天的信里所说："妈妈以前不知道人会抬头这事也会让人喜悦，手有五个手指头这事也会让人振奋，一个人嘴里吐出一个'哦'字也值得奔走相告。"可是后来，你会发现，孩子是这世上美好的礼物，让我们有幸得以重新发现生命的奇迹。

每个孩子都是妈妈的心肝宝贝，妈妈爱孩子，给再多的爱都嫌少，总想要把所有好的东西都给他们。孩子的健康成长离不开妈妈的细心呵护，而营养全面的饮食自然成为妈妈挂心的问题。如何让宝宝吃得健康、吃得营养，如何将吃饭变为一件快乐的事，正是这本《婴幼儿健康成长餐单》编写的初衷所在。

在宝宝成长的不同阶段，为宝宝制作出爱心满满又营养美味的饭菜，让他们爱上吃饭，相信是每个妈妈的愿望。本书从常见的食物入手，根据不同年龄段宝宝的生长发育情况和营养需求，制定详细的每日营养配餐，并为妈妈提供丰富的配餐指导和饮食建议，让妈妈的爱更科学、更合理。看似普通的一日三餐，实际要花费妈妈不少的心思。现在，妈妈们再也不用发愁了，我们选取多种有益于孩子成长的美味食谱，让您知晓如何将孩子不喜欢但是又有营养的食材制作成好看又好吃的饭菜。

在孩子心里，妈妈的味道是永生难忘的，让宝宝在百变的餐食中体会幸福成长的滋味吧！

Contents 目录

PART 1 助推成长，宝宝营养健康指南

PART 2 悉心经营，订制宝宝的健康食谱

PART 3 百变餐桌，营养餐点任挑选

PART 4 特效功能餐，宝宝赢在起跑线上

PART 5 呵护小天使，宝宝常见病食疗菜谱

PART 1

助推成长，

宝宝营养健康指南

　　0～6岁是宝宝成长的初始阶段，也是大脑发育的黄金时期。这一阶段的营养根基，妈妈们一定要打得特别牢固才行。只有了解到宝宝不同发育时期的营养需求，保证营养的均衡搭配，才能更好地助力宝宝成长，让宝宝赢在健康的起跑线上。

辅食，助力0~3岁宝宝成长

对于刚出生的宝宝来说，母乳可是他们来到这个世界上吃到的第一份美食，但是当宝宝长到四个月的时候，他们似乎越来越想要去品尝更多的滋味。作为一个全能的妈妈，又怎么会让宝宝失望呢？赶紧来了解和宝宝辅食有关的知识吧，让宝宝在从单一乳食过渡到多样化饮食的"必经之路"上健康成长。

掌握添加辅食的时间

随着宝宝一天天长大，通常在4~6个月后，母乳已经无法满足宝宝对营养的需求了。这一时期，是宝宝生长的加速期，也是添加辅食的黄金时期，妈妈要开始考虑给宝宝添加辅食了。细心的妈妈一定不难发现，当宝宝出现以下这些情况时，就是他在向你传达"我要吃辅食"的信号啦。

1.体重明显增加

宝宝的体重达到出生时的2倍，至少6千克。只有宝宝的体重达到这样的增长标准，才需要考虑给宝宝做辅食添加的准备。

2.颈部开始变得有力

宝宝能够控制头部的转动及保持上半身平衡，可以在有支撑的情况下坐直身体，并能通过前倾、后仰、摇头等简单动作表达想吃或不想吃的意愿。

3.吃不饱，喝奶量大增

即使每天吃8~10次的母乳或配方奶，宝宝看起来仍然还是很饿的样子，有时还会无缘无故地哭闹；睡眠时间也变得越来越短；或者宝宝之前睡觉都很安稳，现在半夜总少不了哭闹几回。

4.开始学会咀嚼了

宝宝的口腔、舌头与消化系统是同步发育的。当宝宝很喜欢把一些东西放进嘴里，或是通过上下颌的张合来进行咀嚼等活动时，也就意味着宝宝要开始吃辅食了。

5.伸舌反射消失

妈妈在刚给宝宝喂辅食时，会发现宝宝总是把喂进嘴里的食物吐出来，而认为宝宝不爱吃。其实宝宝这种伸舌头的举动是一种本能的自我保护行为，也叫作"伸舌反射"。当这种反射消失的时候，就说明给宝宝添加辅食的时机到来了。

6.对吃东西感到好奇

宝宝对大人吃的食物开始感到好奇，喜欢盯着大人碗里的米饭看，可能还会来抓勺子、抢筷子。如果妈妈把食物放进宝宝嘴里，宝宝会试着吞咽下去，并有表示愉快的举动，如拍手、大笑等，这说明宝宝开始对吃饭产生兴趣了；但若是宝宝将食物吐出来，把头转开或使劲儿来推你的手，则表示宝宝现在不想吃，妈妈还是隔几天再试试吧。如果一味地给宝宝强喂辅食，会影响宝宝对吃辅食的兴趣哦。

宝宝开始吃辅食了，最开心的当然非妈妈莫属，这意味着宝宝在成长的路上又向前迈进了一大步；但是如果宝宝暂时还没有萌生出想吃辅食的念头，妈妈也不要太过着急，还是得根据宝宝的实际情况进行判断，等待时机的到来，并在成功添加辅食后，注意宝宝给你的"食用反馈"。毕竟每个宝宝的成长都是如此与众不同，需要妈妈更多的耐心守护才能让宝宝健康长大。

掌握添加辅食的方法

1.辅食添加从婴儿营养米粉开始

婴儿米粉所含的营养非常丰富，它是以谷物为原料，以蔬果、肉蛋类等为配料，加入钙、磷、铁等矿物质及维生素等加工制作而成，是专为婴幼儿设计的均衡营养食品。有的婴儿米粉还特别添加了益生元或益生菌，较蛋黄、蔬菜泥等营养相对单一的食物更有利于宝宝的成长，且发生过敏的概率也很低，是妈妈为宝宝初次添加辅食的首选食物。

由于婴儿米粉已经过热加工熟化，因此给宝宝食用时只需用温开水冲调即可。妈妈可以根据宝宝的实际情况，自由调节米粉的冲调浓度。另外，考虑到辅食添加初期宝宝食用的量较少，吃完辅食后，宝宝可能还没吃饱，妈妈可接着再给宝宝喂一些母乳或奶粉。

2.辅食添加从细到粗

辅食的添加应从细到粗逐渐过渡，不能在添加初期就尝试给宝宝喂食米粥或肉末等食物。因为无论是宝宝的喉咙还是肠胃，都无法耐受这些大颗粒的食物，也很有可能会由于吞咽困难而对辅食产生恐惧心理。添加绿叶蔬菜时，应按照菜汁-菜泥-碎菜末这样的顺序来进行；添加固体食物时，妈妈可先将食物捣烂，做成泥状，如菜泥、果泥、蒸蛋羹、鸡肉泥等，待宝宝适应后，再做成碎末状或糜状，之后再做成丁块状。

3.辅食添加从少到多

每次给宝宝添加新的食物时，宝宝可能不太适应，因此在添加的时候，为了让宝宝顺利度过这个过程，妈妈可从食物的量上慢慢过渡。刚开始不要给宝宝喂太多，可先喂一两勺，观察宝宝是否出现不舒服的反应，然后再慢慢增加到三四勺、小半碗，甚至更多。例如添加蛋黄时，可先从1/4个甚至更少量的蛋黄开始，如果宝宝没有什么不良反应，保持1/4的量，过几天后可加到1/3，然后逐步加到1/2、3/4，最后增至整个蛋黄。

4.辅食添加从稀到稠

辅食添加初期应给宝宝喂食一些容易消化的、水分较多的流质食物，如汤类等，然后从半流质食物过渡到各种泥状食物，最后再添加软饭、小块的菜、水果及肉等半固体或固体食物。例如在添加米粉的时候，刚开始冲调需要多加一些水，使米粉糊较稀薄，随着添加时间的推移，再逐渐增加稠度。如果一开始就把米粉糊调得很稠，宝宝会很不喜欢。同理，如果一开始就添加半固体食物，宝宝既难以消化也容易导致腹泻。

5.辅食添加从一种到多种

初期添加辅食的种类切不可过多，妈妈要按照宝宝的营养需求和消化能力逐渐增加食物的种类，等宝宝习惯一种后再添加另外一种。如果一次添加太多种类，很容易引起不良反应。

例如，添加米糊后，最好就不要同时添加蛋黄了，要等宝宝适应米糊后才能开始添加蛋黄，等宝宝对米糊和蛋黄都适应后，再开始添加土豆泥。妈妈在这时千万不可操之过急，罗马也不是一天就能建成的，更何况是宝宝的成长。

6.根据宝宝的健康和消化能力添加

婴幼儿期的宝宝生长发育快，但同时他们身体的各个器官还未成熟，消化功能也较弱，如果辅食添加不合适，宝宝就会出现消化不良甚至变态反应。因此，妈妈在给宝宝喂辅食时，要特别留心宝宝的健康状况和消化能力，要在宝宝身体健康、消化功能正常的前提下开始辅食的添加。

如果宝宝生病或是对某种食物不消化，则应暂停

添加或更换食物。每次在添加了新的食物后，还应注意观察宝宝的便便情况和皮肤是否出现变态反应，如果出现腹泻、呕吐、皮肤发红或出疹等症状，就要立即停止喂食该种食物，情况严重的还应带宝宝及时就医。

7.辅食应少糖、无盐

糖虽然能够为宝宝提供热量，但是摄入过多却会引起维生素的缺乏，对宝宝健康不利。甜食吃太多，还会造成肥胖，且容易养成偏食、挑食的坏习惯。所以，妈妈在给宝宝制作食物时最好不要加糖，要尽量少选择糖果、蛋糕等这类含糖量高的食物作为辅食。

1岁内的宝宝肾脏功能发育还不完善，如果摄入过多盐分，会增加宝宝肾脏的负担，对宝宝的肾脏发育不利。此外，如果因此让宝宝养成了喜食咸食的"重口味"饮食习惯，还会增加成年后患高血压的危险。1岁内的宝宝每日所需食盐量不到1克，而奶类和辅食食物本身所含钠已经足够满足宝宝的需要了，不用额外再给宝宝的辅食里加盐。

注意添加辅食的顺序

给宝宝添加辅食，顺序的掌握很重要。妈妈千万不能在刚开始添加的时候就给宝宝吃鸡鸭鱼肉等不易消化的食物。要记得先单一食物后混合食物、先流质食物后固体食物、先谷类果蔬后鱼肉的辅食添加顺序哦。

1.辅食在喂奶前喂食

添加辅食可以选在妈妈给宝宝喂奶前，因为宝宝饥饿时更容易接受辅食。在宝宝生病或天气炎热的夏天，可暂缓添加辅食，以免引起宝宝的消化功能紊乱。

2.根据宝宝的月龄来选择适宜的辅食品种

①1～3个月的宝宝，只需补充母乳中缺乏的维生素A和维生素D即可，因此在宝宝出生后的2～3周可添加适量鱼肝油，其用量可从开始的每天1～2滴，逐渐加至6滴左右。

②4～6个月的宝宝，唾液分泌增加，唾液中的酶开始能够消化淀粉类食物了，这时可适当加入一些淀粉食物如米汤、米粉糊等；同时适量补充含铁食物，如肝泥、鱼泥等；6个月左右则可以给宝宝喂食稀粥、菜泥、水果泥等。

③7～9个月的宝宝，可添加烂面条、烤馒头

片、饼干、面包等，这些食物可以锻炼宝宝的咀嚼能力，帮助牙齿生长；之后再逐渐添加肉类如鱼肉泥、猪肉泥及鸡蛋羹、豆腐、碎菜等。

④10～12个月的宝宝，可先用辅食如添加肉末、菜末的粥或面片代替1或2次奶，为断奶做准备。之后除了可添加前面所提到的食物外，妈妈还可以给宝宝添加软面条、馒头、水果等。

避免添加辅食的误区

相信每个初为人母的妈妈都在如何给宝宝断奶和辅食的添加上下了不少的功夫，妈妈们已经了解到给宝宝断奶的黄金时期，不可过早或过晚；也知道了添加辅食时应循序渐进，不可骤然进行等。然而，在添加辅食的实际操作过程中，仍然存在很多误区，妈妈们要尽量避免哦。

添加辅食常见误区1：添加辅食后，就意味着给宝宝断奶

有些妈妈可能会认为，添加辅食后，就可以替代母乳给宝宝喂食了。然而辅食之所以被称为"辅"食，正是因为它仅仅只是辅助母乳的一种食物，是无法取代母乳的。

宝宝在一岁前，母乳仍然是食物和营养的重要来源，尤其是维生素的主要来源。宝宝的身体基本能够完全吸收母乳中的营养，而对辅食中的营养却难以全部吸收。

重要的是妈妈的乳汁还具有非常神奇的功效，它会随着宝宝的成长而变化，不断满足宝宝不同时期的需要。例如，当宝宝身体受到新病菌或病毒入侵时，通过吸吮乳汁将这些"坏蛋"传送到妈妈的身体里，妈妈的身体就会立刻根据"敌情"制造出免疫球蛋白，再通过乳汁传送给宝宝，从而在宝宝体内建立起一道防护屏障，保卫宝宝的健康。

因此，妈妈在给宝宝添加辅食的同时，还应保证宝宝每天的母乳摄取量。

添加辅食常见误区2：把蛋黄作为宝宝的第一种辅食

很多妈妈会习惯把鸡蛋黄作为宝宝尝试的第一种辅食，虽然鸡蛋在宝宝的生长发育过程中功不可没，但过早地给宝宝添加蛋黄却是很不妥当的一件事。特别是4～6个月的宝宝，肠胃还很虚弱，过早摄入蛋黄容易引起消化不良，有的宝宝吃了还会引起变态反应。

一般情况下，妈妈应将添加蛋黄的时间推迟到8个月后，对于出现蛋黄变态反应的宝宝，应停止食用蛋黄，至少6个月后才能尝试再次添加。

添加辅食常见误区3：认为营养在汤里，光喝汤就行了

有的妈妈认为汤可以给宝宝提供较好的营养，因此只给宝宝喝菜汤、肉汤、鱼汤，甚至用汤来泡饭。殊不知，汤里的营养只有5%～10%，更多的营养其实都在肉里，更何况宝宝的胃容量本来就不大，光喝汤喝入的大量水分就占据了大部分的胃容量，这样会影响到其他食物的正常摄入，长此以往对宝宝的成长没有任何帮助。

还有的妈妈习惯给宝宝喝煮的水果水和青菜水，认为这样可以补充维生素。其实，这种做法也是不科学的。经长时间煮过的青菜、水果，其大量维生素被破坏，营养价值早就已经所剩无几了。

添加辅食常见误区4：只给宝宝吃米粉，不吃杂粮

有些妈妈只给宝宝吃米粉，认为米粉中的营养成分已经很全面了。但是，米粉由精制的大米制成，大米在精制过程中，主要的营养成分已随外皮被剥离，最后剩下的只有淀粉。婴儿米粉中的营养大多是在后期加工中添加进去的，吸收效果肯定不如天然状态的营养好。时间长了，还会导致宝宝维生素B_1的缺乏；而维生素B_1在五谷杂粮中含量较高。所以，妈妈不能只给宝宝吃米粉，适当地吃一些五谷杂粮也是很有必要的。

添加辅食常见误区5：认为宝宝月龄小，很多食物不敢给他吃

其实只要遵循由少到多、由细到粗、由稀到稠、由一种到多种的辅食添加原则，给宝宝一定的适应过程，一般大人能吃的食物，宝宝也是可以吃的。或许有时宝宝肠胃不太适应或者身体不舒服，那么，辅食的添加就要慢一点，妈妈可以耐心多等几天。

只有把各种食物搭配起来吃，才能做到营养均衡，宝宝才不会养成挑食的坏习惯。当然，每个宝宝的个体差异都是不同的，有的宝宝可能会对某些食物过敏，这就要靠妈妈仔细观察了。

添加辅食常见误区6：用牛奶、米汤、稀米粥来给宝宝冲调米粉

在给宝宝初期添加米粉作为辅食时，很多妈妈会采用牛奶、米汤等来冲调米粉，以使宝宝更爱吃，但这种做法最好改掉哦。因为用奶粉冲调米粉的浓度太高，会增加宝宝的肠胃负担，影响吸收。

此外，将奶粉与米粉混合，与成人食物味道差别很大，对宝宝今后接受成人食物有不好的影响。

营养餐，4~6岁儿童成长的"正能量"

每个妈妈都希望自己的孩子能够吃饭乖乖的、身体棒棒的，为了给孩子提供充足的营养，不少妈妈选择为孩子大补特补，总是挑最好、最有营养的食物给孩子吃，可是这样做真的能达到事半功倍的效果吗？4~6岁的孩子活动量增大，生长发育逐渐成熟，需要的营养多自然毋庸置疑，但是这个阶段他们需要的是均衡全面的营养餐，而非最贵最好的山珍海味。妈妈在给孩子补充营养的时候，应该做到有主有次、均衡补充才对，正所谓适合的才是好的。

孩子健康成长需要全面的营养

4~6岁的孩子对于食物的摄取开始变得较为固定，但是这个阶段的孩子对食物的选择也有了一定的自主性，且每个孩子对食物的喜好各不相同，常常是喜欢吃的就多吃，不喜欢吃的就少吃或干脆不吃，从而导致偏食、挑食及肥胖的发生，对此妈妈们可要留心了。

营养全面是孩子健康成长的基础，只有为孩子提供营养搭配均衡的膳食，才能保证营养的全面吸收。妈妈在为孩子制作膳食时，除了不断丰富食物的种类，还应根据孩子对营养素的需要，不断地进行调整，以纠正孩子挑食、偏食的坏毛病。在平衡、合理、营养的搭配前提下，做到粗细搭配、荤素结合，如主食可米面杂粮搭配、谷豆结合；副食可蔬菜、水果、禽、肉、蛋等搭配，使食物互补，营养全面；黄豆中所含的蛋白质属优质蛋白，每天的膳食中可安排一点豆制品；有色蔬菜如胡萝卜、西红柿、青菜等富含维生素A，有利于提高孩子的免疫力、保护视力、保护呼吸道和胃肠道，所以也应经常搭配食用。

4~6岁儿童的营养需求

当孩子具备了较好的吃饭能力的时候，也是进入幼儿园的阶段了，妈妈在为孩子的成长开心的同时，也不要忽略了孩子的营养需求哦。

1.对蛋白质的需求

蛋白质是构成细胞组织的主要成分，是儿童生长发育所必不可少的物质。此时的孩子正处于生长发育的关键时期，蛋白质的供给尤为重要。除了保证每天蛋白质的摄入量在45～55克外，还应特别注意摄入蛋白质的质量。高质量的蛋白质不但更易于孩子消化，而且只需摄入少量即可满足孩子对营养的需求。牛奶、鸡蛋等食物中含有大量的优质蛋白质，建议妈妈每天都给孩子食用一些，同时还可再吃一些鱼、肉、豆类等食物。

2.对热量的需求

热量对维持人体生理功能起着重要作用，只有保证充足的热量，才能满足孩子在基础代谢、生长发育、体力活动等方面的需要。这一阶段的儿童每日所需热量为1400～1700千卡（1千卡约4.2千焦），可根据孩子的体重、活动量等因素确定其具体的热量需求，不要过多也不要过少。膳食中的热量如果供给不足，会导致孩子生长发育迟缓；但是供给过量，则可能导致孩子肥胖。

3.对脂肪的需求

脂肪是人体所必需的重要能源，体内脂肪由食物内脂肪供给或由摄入的糖类和蛋白质转化而来。4～6岁的儿童正处于生长发育期，对脂肪的需求也是不可少的。4～6岁的孩子每日膳食中脂肪的摄入量应占总热量的30%～35%。

4.对糖类的需求

糖类也叫碳水化合物，能为孩子的身体提供热量。膳食中糖类摄入不足可能导致热量摄入不足，体内蛋白质合成减少，机体生长发育迟缓，孩子的体重减轻；如果糖类摄入过多，导致热量摄入过多，又会因脂肪积聚过多而造成肥胖。可见，糖类的摄入需合理，过多过少对孩子的成长都无益。这一阶段的儿童每日膳食中糖类的摄入量以占总热量的50%～60%为好。

5.对维生素的需求

维生素对身体组织功能的调节起重要作用，但是大部分维生素由于无法在体内合成或是合成的量远远不够我们日常所需，需要通过食物来获取。孩子如果缺乏人体所必需的维生素就会很容易产生各种病症。因此，妈妈应多给孩子吃些水果、蔬菜、海产品、乳制品及动物肝脏等以补充每日所需维生素。

6.对钙的需求

妈妈都希望孩子能够快快长个，而孩子长高主要是骨骼发育的结果，骨骼的增长需要大量的钙质。如果膳食中缺钙，儿童就会出现骨骼钙化不全的症状，如骨骼畸形、牙齿发育不良等。孩子每天需要的钙量约为800毫克，妈妈应供给孩子充足的钙。含钙丰富的食物有芝麻、黄花菜、萝卜、胡萝卜、海带、芥菜、虾皮等。此外，骨头汤不仅含钙丰富，而且有助于身体对钙的吸收，促进骨骼生长，孩子可经常食用。

4~6岁儿童的饮食营养原则

虽然这个年龄段的儿童与婴幼儿期相比，生长发育的速度有所下降，但是他们对各类营养的需求量仍然很大，孩子的日常饮食依然不能被忽视。妈妈们了解一些相关的饮食原则很有必要，这对于孩子今后养成良好的饮食习惯大有裨益。

1.食物多样化，营养要均衡

为了孩子身体的均衡发育，此时妈妈给孩子提供的膳食应是由多种食物所组成的平衡膳食，要确保米饭、蔬菜、水果、肉蛋奶等食物的均衡摄取，而不是一味地给孩子吃"好而精"的食物，即便是那些生活中极其普通的食物，如萝卜、白菜、香蕉、苹果等，也都是很有营养的食物。特别是谷类食物，更是人体能量的重要来源，能够为孩子提供丰富的膳食纤维、维生素、微量元素等多种营养物质，而且食物的多样化对促进食欲、预防小儿厌食和增强孩子的消化吸收能力也是很有帮助的。妈妈要鼓励孩子多吃各种有营养的食物，为成年后的健康打好基础。

2.保证高蛋白、低脂肪食物的摄入

动物蛋白中的氨基酸有利于人体的吸收、利用，且其赖氨酸含量较高，可补充植物蛋白质赖氨酸的不足，对正处于生长发育期的儿童来说，是每日不可缺少的食物。妈妈要让孩子经常食用适量的鱼、禽、蛋、瘦肉，这些食物都是优质蛋白、脂溶性维生素、矿物质的良好来源。其中，鱼、禽类的不饱和脂肪酸含量较高，经常食用对儿童神经系统和视力发育有益；动物肝脏中所含维生素A、维生素B_2、叶酸极为丰富；鸡蛋可补充优质蛋白、卵磷脂，促进儿童身体和大脑的发育；经常食用猪肉、羊肉、牛肉等畜肉还可改善由于铁的摄入不足而引起的儿童贫血。

3.多吃新鲜蔬菜和水果，多补充维生素C

蔬菜和水果，两者都不能互相替代。蔬菜品种丰富，维生素、矿物质、膳食纤维的含量要高于水果；水果可以补充蔬菜摄入的不足，糖类、有机酸的含量高，且水果在食用前不需要加热，营养成分保留得较完好。

妈妈要让孩子多吃蔬果，特别是要多吃苹果、西红柿、萝卜、大枣等维生素C丰富的蔬菜和水果。维生素C除了能够提高脑神经的灵敏程度，还能提高免疫力和抗病能力，对孩子的脑和身体发育都具有非常重要的作用。

4.烹调要清淡、少油盐，少喝高糖饮料

虽然现在孩子已经可以吃大人的饭菜了，但是他们的消化系统仍然较为敏感，如果经常喂咸辣的食物，会让孩子习惯口味重的食物，而养成挑食、偏食的坏习惯。妈妈在烹调食物时应清淡、少盐、少油脂、不使用刺激性调味品，以保持食物的原汁原味。此外，高糖饮料含糖量高，孩子如果经常喝容易影响食欲、引起肥胖，要少喝。其实白开水才是给孩子的好饮料，妈妈要及时督促孩子喝水哦。

PART 2

悉心经营,
订制宝宝的健康食谱

自宝宝呱呱坠地的那一刻起,到宝宝第一次叫"爸……爸""妈……妈",到进幼儿园……宝宝每一步的成长,都离不开父母的细心呵护,也离不开丰富营养素的供养。宝宝在不同生长发育期,所需要的营养素会有所差异,作为妈妈,需要为宝宝提供相应的营养。了解宝宝每个阶段的成长变化和营养需求,学会科学的哺喂方法,合理地为宝宝搭配营养餐,才能让宝宝更健康、更聪明。

0~3个月宝宝营养配餐

母乳喂养期：母乳是婴儿理想的天然食品，母乳不仅营养丰富，而且各种营养素比例合理，能为宝宝提供多种免疫成分，是妈妈给宝宝的健康"保护伞"。母乳喂养安全、经济、方便，不易过敏，因此，应首选母乳喂养宝宝。

初乳含有丰富的营养成分和免疫活性物质，对宝宝十分珍贵，产后30分钟即可尝试喂奶。满月前提倡按需哺乳，满月后逐渐采取定时喂养，健康妈妈的乳汁一般能满足4个月前的宝宝的需要。在母乳不足的情况下，建议选用适合婴儿月龄的配方奶，不能直接用普通液态奶、成人奶粉喂养宝宝。

宝宝发育情况

年龄	身高（厘米）	体重（千克）	头围（厘米）	胸围（厘米）
新生儿（足月）男宝宝	50.2	3.5	34.5	32.9
1个月男宝宝	56.4	4.9	38.0	37.5
2个月男宝宝	59.6	6.0	39.4	39.5
3个月男宝宝	62.3	6.7	40.8	41.0
新生儿（足月）女宝宝	49.5	3.2	34.0	32.6
1个月女宝宝	55.6	4.6	37.2	36.6
2个月女宝宝	58.4	5.5	38.3	38.5
3个月女宝宝	61.5	6.5	40.0	40.1

每日营养需求

能量	蛋白质	脂肪	烟酸	叶酸	维生素A
397千焦/千克体重 非母乳喂养加20%	1.5~3克/千克体重	总能量的40%~50%	2毫克烟酸当量	65微克叶酸当量	400微克维生素A当量
维生素B$_1$	维生素B$_2$	维生素B$_6$	维生素B$_{12}$	维生素C	维生素D
0.2毫克	0.4毫克	0.1毫克	0.4微克	40毫克	10微克
维生素E	钙	铁	锌	镁	磷
3毫克维生素E当量	300毫克	0.3毫克	1.5毫克	30毫克	150毫克

食谱设计指导

特别提醒： 研究发现，宝宝出生后30分钟内吸吮反射最强烈，所以，此时即便没有乳汁，妈妈也要尝试给宝宝吮吸一下乳房。这不仅能加速催乳反射和排乳反射的建立，促进乳汁分泌，还有利于母体的恢复。

这个阶段，在母乳充足的情况下提倡全母乳喂养，不要在两次喂奶期间给宝宝喂糖水或牛奶。喂奶前，妈妈先洗手，用温开水洗净乳头并擦干，用手挤压乳头，挤出几滴乳汁，再开始哺乳。哺乳期的妈妈要注意卫生，勤换衣，勤洗澡，并护理好乳房。当必须与宝宝暂时分开时，妈妈要及时把奶水挤出，否则，不仅会使奶水胀退，还可能引发乳腺炎。出现胀奶时，可用温热毛巾敷乳房，并用手从乳房底部轻轻按摩至乳头，使阻塞的乳腺慢慢畅通，乳房变得柔软，将淤积的乳汁挤出即可。

哺乳期间，妈妈应该摄取充足的营养，以给宝宝提供充足的乳汁。饮食宜均衡，除了补充足够蛋白质外，还需要摄入适量的蔬果，避免营养过剩。妈妈在这一阶段可多食用具有催乳作用的食物，如花生、猪脚、莴笋等，推荐煲汤食用。哺乳期妈妈忌食生冷、油腻、辛辣以及回奶的食物，如韭菜、麦芽，忌饮浓茶、咖啡和酒。

1个月宝宝的一日食谱

全天　　　　　　　　母乳充足时，每隔2小时左右哺乳1次，按需哺乳。

人工喂养时，可在两次喂奶中间给宝宝适当喝点温开水，每次15毫升左右；母乳喂养的宝宝则不需添加。

2个月宝宝的一日食谱

全天　　　　　　母乳充足时，每隔3个小时左右哺乳1次，每次50～100毫升，一天喂7次。

人工喂养时，可在两次喂奶中间给宝宝适当喝点温开水，每次20毫升左右；母乳喂养的宝宝则不需添加。

3个月宝宝的一日食谱

全天　　　　　　母乳充足时，每隔4小时左右哺乳1次，每次100～150毫升，一天喂6次。

人工喂养的宝宝，可在两次喂奶中间适当添加温开水，每次30毫升左右；母乳喂养的宝宝则不需添加。

催乳食谱

妈妈喂养经

　　木瓜含有蛋白质、木瓜蛋白酶、B族维生素、胡萝卜素等营养成分，催乳效果显著。妈妈食用后过奶给宝宝，能起到健脾胃、增强宝宝免疫力的作用。

木瓜煲猪脚

◗ 原料：

猪脚块300克，木瓜270克，姜片、葱段各少许

◗ 调料：

料酒4毫升，盐、鸡粉各2克

◗ 做法：

1.锅中注清水烧开，倒入洗好的猪脚块，淋入2毫升料酒，拌匀，氽去血水后捞出。

2.砂锅中注清水烧热，倒入姜片，盖上盖，用中火煮沸；揭盖，放入猪脚、葱段，淋入2毫升料酒。

3.盖上盖，烧开后转小火煲约1小时；揭盖，倒入洗净去皮的木瓜，煮至熟透。

4.揭开盖，加入盐、鸡粉，拌匀调味；关火后盛出锅中的汤即可。

催乳食谱

妈妈喂养经

　　滑子菇含有粗蛋白、粗纤维、钙、磷、铁、维生素和人体所需的多种氨基酸，与乌鸡一同炖煮，不仅能补充哺乳期妈妈所需营养，还能促进乳汁分泌。

滑子菇乌鸡汤

◗ 原料：

乌鸡块400克，滑子菇100克，姜片、葱花各少许

◗ 调料：

料酒8毫升，盐、鸡粉各2克

◗ 做法：

1.锅中注清水烧开，倒入洗净的乌鸡块，搅散，氽去血水。

2.砂锅中注入适量清水烧开，倒入氽过的乌鸡、姜片和洗净的滑子菇。

3.淋入料酒，搅拌匀。

4.盖上盖，烧开后用小火煮至食材熟透；揭盖，放入盐、鸡粉，拌匀调味。

5.关火后盛出煮好的汤，趁热撒上葱花即可。

催乳食谱

红豆花生乳鸽汤

●原料:
乳鸽肉200克,红豆150克,花生米100克,桂圆肉少许,高汤适量

●调料:
盐2克

●做法:
1.锅中注清水烧开,放入洗净的鸽肉,搅拌匀,汆去血水,略煮片刻后捞出。
2.另起锅,注入适量高汤烧开,加入乳鸽肉、红豆、花生米,拌匀。
3.盖上锅盖,调至大火,煮开后转中火,煮至食材熟透。
4.揭开锅盖,倒入少许桂圆肉,加入盐调味。
5.续煮约10分钟,盛出煮好的汤即可。

妈妈喂养经

红豆含有蛋白质、B族维生素、铁等营养成分,有益气补血的功效;花生催乳效果显著,其所含的钙、铁对哺乳期妈妈和宝宝都非常有益。

催乳食谱

豆腐紫菜鲫鱼汤

●原料:
鲫鱼300克,豆腐90克,水发紫菜70克,姜片、葱花各少许

●调料:
盐3克,鸡粉2克,料酒、胡椒粉、食用油各适量

●做法:
1.将洗好的豆腐切小块,装入盘中待用。
2.用油起锅,放入姜片,爆香;放入备好的鲫鱼,煎至两面焦黄。
3.加料酒、清水、盐、鸡粉拌匀调味。
4.盖上盖,大火煮约3分钟后下豆腐、紫菜,加少许胡椒粉,拌匀。
5.续煮至食材熟透,将煮好的汤盛入碗中,撒上葱花即可。

妈妈喂养经

鲫鱼含有蛋白质、谷氨酸等营养成分,有益气健脾、通络下乳之功效;豆腐营养丰富,和鲫鱼同煮,味道鲜美,能促进哺乳期妈妈的乳汁分泌。

4~6个月宝宝营养配餐

断奶过渡期： 4个月的宝宝生长速度很快，单纯的母乳喂养已经不能满足宝宝生长发育的需要，宝宝还可能出现缺乏铁、钙、叶酸和维生素等营养素的情况。从这个阶段开始，在母乳或配方奶为主的喂养前提下，妈妈要适当给宝宝添加淀粉类和含钙、铁等营养成分的辅食了。宝宝的生理也为添加辅食做好了准备，这个月宝宝分泌的唾液逐渐增加，开始进入乳牙萌发期，为接受辅食提供了消化的条件。

随着宝宝的逐渐长大，5个月的宝宝已经开始分泌足够的淀粉酶，有的宝宝开始长出一两颗小乳牙，并能接受淀粉类、蔬果类辅食；到了6个月，可以在前段喂养的基础上适当给宝宝添加一点儿荤食。

宝宝发育情况

年龄	身高（厘米）	体重（千克）	头围（厘米）	胸围（厘米）
4个月男宝宝	64.5	7.6	42.0	42.3
5个月男宝宝	66.3	7.8	42.8	43.0
6个月男宝宝	68.6	8.3	44.1	44.1
4个月女宝宝	63.1	6.7	40.7	41.2
5个月女宝宝	64.8	7.4	41.8	41.8
6个月女宝宝	67.1	7.8	42.8	42.9

每日营养需求

能量	蛋白质	脂肪	烟酸	叶酸	维生素A
397千焦/千克体重 非母乳喂养加20%	1.5~3克/千克体重	总能量的40%~50%	2毫克烟酸当量	65微克叶酸当量	400微克维生素A当量
维生素B$_1$	维生素B$_2$	维生素B$_6$	维生素B$_{12}$	维生素C	维生素D
0.2毫克	0.4毫克	0.1毫克	0.4微克	40毫克	10微克
维生素E	钙	铁	锌	镁	磷
3毫克维生素E当量	300毫克	0.3毫克	3毫克	30毫克	150毫克

食谱设计指导

特别提醒： 这时候宝宝的辅食应以流食、半流食为宜。制作时要保证食材的新鲜、清洁和卫生。最开始给宝宝添加的辅食，加工得越细小越好。随着宝宝对辅食的适应和身体的发育，可以逐渐加粗变大。应按不同的月龄需要和消化能力给宝宝添加辅食，让宝宝慢慢适应，为顺利过渡到断奶期创造条件。

4个月推荐辅食：蔬果汁、米汤、面汤等；5个月推荐辅食：米粥、土豆泥、蔬菜末等；6个月推荐辅食：烂面条、鱼泥、肉泥、蔬果泥、磨牙饼干等。

4个月宝宝的一日食谱

上午	6:00	母乳或配方奶150毫升
	8:00	水果汁50毫升
	10:00	母乳或配方奶150毫升
	12:00	营养米粉15克
下午	14:00	母乳或配方奶150毫升
	17:30	米汤30毫升
晚上	21:00	母乳或配方奶150毫升
	24:00	母乳或配方奶150毫升

每天1次给宝宝喂适量鱼肝油，保证饮用适量白开水。

5个月宝宝的一日食谱

上午	6:00	母乳或配方奶180毫升
	9:00	蔬菜泥20克
	12:00	母乳或配方奶180毫升
	13:00	水果汁20毫升
下午	15:00	母乳或配方奶180毫升
	18:00	营养米粉20克
晚上	20:00	母乳或配方奶180毫升
	24:00	母乳或配方奶180毫升

每天1次给宝宝喂适量鱼肝油，并保证饮用适量的白开水。

6个月宝宝的一日食谱

上午	6:00	母乳或配方奶200毫升
	9:00	米汤60毫升
	12:00	母乳或配方奶200毫升
	14:00	蔬果汁80毫升
下午	15:00	母乳或配方奶200毫升
	18:00	蔬菜泥30克
晚上	21:00	母乳或配方奶150毫升
	24:00	母乳或配方奶200毫升

每天1次给宝宝喂适量鱼肝油，保证饮用适量的白开水。

营养食谱

妈妈喂养经

苹果含有多种氨基酸、维生素、矿物质，可促进宝宝的生长发育、增强宝宝记忆力。不过，苹果削皮后容易氧化变色，故苹果汁做好后应立即饮用。

苹果汁

◑原料：

苹果90克

◑做法：

1.将洗净的苹果削去果皮，去除果核，再将果肉切成丁。

2.取榨汁机，选择搅拌刀座组合，倒入苹果丁。

3.注入少许温开水，盖上盖。

4.选择"榨汁"功能，按"开始"键，榨取苹果汁。

5.断电后倒出苹果汁，装入碗中即可。

营养食谱

妈妈喂养经

黄瓜含有维生素C、维生素E、胡萝卜素、烟酸等营养成分，制成米汤，给4~6个月的宝宝食用，容易消化，且还能增强宝宝的免疫力。

黄瓜米汤

◑原料：

水发大米120克，黄瓜90克

◑做法：

1.将洗干净的黄瓜切成丝，改切成碎末，备用。

2.砂锅中注入适量清水烧开，倒入洗好的大米，搅拌匀。

3.盖上锅盖，烧开后改用小火煮1小时至其熟软。

4.揭开锅盖，倒入备好的黄瓜，搅拌均匀；盖上锅盖，用小火续煮5分钟，至全部食材熟透。

5.揭盖，搅拌一会儿。

6.将煮好的米汤盛出，装入碗中即可。

营养食谱

妈妈喂养经

红米营养价值较高，含有丰富的淀粉与植物蛋白质，可维持宝宝身体正常体温。这一阶段的宝宝食用红米，不但可补充铁，还可预防缺铁性贫血。

三色米汤

● 原料：

粳米、红米、糙米各50克

● 做法：

1.将备好的粳米、红米、糙米倒入碗中，注入适量清水，搓洗干净，备用。

2.锅中注清水烧开，放入备好的食材。

3.搅拌至米粒散开，盖上盖子，用大火煮至沸。

4.再转用小火煮约30分钟至米粒熟透。

5.关火后取下盖子，搅拌几下。

6.盛出煮好的米汤，放在碗中即成。

营养食谱

妈妈喂养经

香蕉所含的维生素B₁能促进食欲、助消化、保护神经系统，维生素B₂具有促进人体正常生长和发育的功效。这个阶段的宝宝食用香蕉泥，容易消化吸收。

香蕉泥

● 原料：
香蕉70克

● 做法：

1.取一只熟透的香蕉，备用。

2.将备好的香蕉用清水冲洗干净，并剥去果皮，留果肉待用。

3.把果肉切成小块，并用刀面把香蕉压制成泥状。

4.把压好的香蕉泥装入碗中，即可给宝宝喂食。

7~9个月宝宝营养配餐

断奶过渡后期：7~9个月，宝宝的生长速度较前半年有所减慢。不过，这一阶段宝宝慢慢可以坐起来、能爬行，大部分宝宝开始出牙，有了一定的咀嚼能力，舌头也有了搅拌食物的功能，消化酶逐渐增加，可以吃的食物也越来越多。

7个月宝宝的主食，仍为母乳或配方奶，只是给宝宝喂食主食和辅食的顺序应逐渐变为先喂辅食，再哺乳。自8个月起，妈妈乳汁的质量开始下降，宝宝的活动能力也进一步增强，体力消耗变大，需要供给更多的糖类、脂肪和蛋白质，以满足宝宝生长发育的需求。这个月开始，大部分的宝宝开始不再以母乳作为主食。自9个月起，可以给宝宝喂食一些稍硬的食物，以利于宝宝牙齿的生长。

宝宝发育情况

年龄	身高（厘米）	体重（千克）	头围（厘米）	胸围（厘米）
7个月男宝宝	71.3	9.0	45.0	44.9
8个月男宝宝	72.6	9.2	45.4	45.2
9个月男宝宝	73.8	9.4	45.7	45.6
7个月女宝宝	69.7	8.4	43.8	43.7
8个月女宝宝	71.0	8.6	44.1	44.1
9个月女宝宝	72.3	8.8	44.5	44.5

每日营养需求

能量	蛋白质	脂肪	烟酸	叶酸	维生素A
397千焦/千克体重 非母乳喂养加20%	1.5~3克/千克体重	总能量的35%~40%	3毫克烟酸当量	80微克叶酸当量	400微克维生素A当量
维生素B₁	维生素B₂	维生素B₆	维生素B₁₂	维生素C	维生素D
0.3毫克	0.5毫克	0.3毫克	0.5微克	50毫克	10微克
维生素E	钙	铁	锌	镁	磷
3毫克维生素E当量	400毫克	10毫克	5毫克	70毫克	300毫克

食谱设计指导

特别提醒： 这个时期，宝宝逐渐可接受半固体或固体食物，可以吃的辅食越来越多。妈妈在给宝宝增加辅食时，最好每次只新增加一种，等宝宝适应后再加新的食物，以免宝宝过敏。

7个月的宝宝，可以每日喂食400～600毫升的母乳或配方奶。给宝宝的辅食可逐渐增加淀粉类食物，减少喂奶量。这个时期宝宝的辅食，可以选择鱼泥、肉末、碎蔬菜、小块水果以及稍硬的食物。

8个月起，宝宝每日喂奶的次数应逐渐减少，辅食的进食次数和数量要有所增加。从这个月起，可以开始尝试性给宝宝添加一点蛋黄，并增加富含钙、蛋白质的食物的供给量。到了9个月，宝宝可以自己用手抓饭吃，那么，给宝宝吃的食物可适当切大点。

7个月宝宝的一日食谱

	6:00	馒头片（面包片）15克，母乳或配方奶200～220毫升
上午	9:30	饼干15克，青菜粥30克
	12:00	猪肝粥50克，蔬菜碎30克
下午	15:00	蛋糕15克，母乳或配方奶120～150毫升
	18:30	白米粥50克，蔬菜碎20克
晚上	21:00	母乳或配方奶200～220毫升

每天1次给宝宝喂适量鱼肝油，保证饮用适量的白开水。

8个月宝宝的一日食谱

	6:00	馒头片（面包片）15克，母乳或配方奶200～220毫升
上午	9:30	蔬菜泥30克，蛋黄米糊20克
	12:00	肉汤稀饭50克
下午	15:00	饼干20克，母乳或配方奶120～150毫升
	18:30	小馄饨50克
晚上	21:00	母乳或配方奶200～220毫升

每天1次给宝宝喂适量鱼肝油，保证饮用适量的白开水。

9个月宝宝的一日食谱

	6:00	母乳或配方奶200～220毫升，小鲜肉包25克
上午	9:30	饼干20克，蔬菜泥50克
	12:00	蛋黄米糊1小碗
下午	15:00	蛋糕30克，母乳或配方奶220毫升
	18:30	鸡汤面50克
晚上	21:00	母乳或配方奶200～220毫升

每天1次给宝宝喂适量鱼肝油，保证饮用适量的白开水。

营养食谱

妈妈喂养经

苹果含有丰富的矿物质和多种维生素，可以健脾胃、补气血，且能有效预防缺铁性贫血。宝宝经常食用，还能使皮肤更细腻红润。

苹果樱桃汁

◀) 原料：

苹果130克，樱桃75克

◀) 做法：

1.洗净去皮的苹果切开，去核，把果肉切小块。

2.洗好的樱桃去蒂，切开，去核，备用。

3.取榨汁机，选择搅拌刀座组合，倒入备好的苹果、樱桃。

4.注入少许矿泉水，盖好盖子。

5.选择"榨汁"功能，榨取果汁。

6.断电后揭开盖，倒出榨好的果汁，装入杯中即可。

营养食谱

妈妈喂养经

幼儿食用白芝麻，可以补充所缺乏的铁、锌等营养物质。此外，白芝麻所含的卵磷脂还能促进宝宝智力发育，使宝宝更聪明。

芝麻米糊

◀) 原料：

粳米85克，白芝麻50克

◀) 做法：

1.炒锅烧热，倒入洗净的粳米，用小火翻炒至米粒微黄。

2.再倒入备好的白芝麻，炒出芝麻的香味；关火后盛出炒好的食材。

3.取备好的榨汁机，选用干磨刀座组合，倒入炒好的食材，磨至食材呈粉状，即成芝麻米粉。

4.汤锅中注入适量清水烧开，放入芝麻米粉，搅拌几下。

5.小火煮至锅中食材呈糊状，关火后盛出煮好的米糊即成。

营养食谱

妈妈喂养经

土豆含有丰富的膳食纤维，可刺激胃肠蠕动，有清肠排毒的功效，与胡萝卜一起，搭配肉末煮汤，可以给宝宝补充更为全面的营养。

土豆胡萝卜肉末羹

◑ 原料：

土豆110克，胡萝卜85克，肉末50克

◑ 做法：

1.把食材洗净，土豆去皮切成小块，胡萝卜切成片，分别装入蒸盘，放入烧开的蒸锅中。

2.盖上盖，用中火蒸约15分钟至熟；揭盖，把蒸好的食材取出。

3.取榨汁机，选择搅拌刀座组合，把土豆、胡萝卜依次倒入杯中，榨取土豆胡萝卜汁。

4.砂锅中注清水烧开，放入肉末，倒入榨好的蔬菜汁，拌煮至食材熟透。

5.关火，将煮好的羹汤盛入碗中即可。

营养食谱

妈妈喂养经

鸡肝含有丰富的维生素A和铁质，能保护眼睛，维持正常视力，防止眼睛干涩、疲劳。给宝宝适量食用鸡肝，对宝宝的视力发育非常有益。

鸡肝糊

◑ 原料：

鸡肝150克，鸡汤85毫升

◑ 调料：

盐少许

◑ 做法：

1.将洗净的鸡肝装入盘中，放入烧开的蒸锅中。

2.盖上锅盖，中火蒸至鸡肝熟透，取出，放凉待用。

3.将放凉的鸡肝压成泥状。

4.把鸡汤倒入汤锅中，煮沸，转中火，倒入备好的鸡肝泥。

5.拌煮约1分钟，加入少许盐，搅拌至其入味。

6.关火，将煮好的鸡肝糊倒入碗中即可。

10~12个月宝宝营养配餐

断乳期： "妈……妈"，第一次从宝贝的口中吐出来，在欣喜和感动之余，父母总是不忘思考如何才能让宝宝更健康地成长！这个阶段，宝宝不但开始牙牙学语，也慢慢学会了站立，甚至能扶着行走，变得更加可爱、好动。

在前几个月的准备下，宝宝进入了断乳期，也进入了由婴儿向幼儿过渡的时期，宝宝之前的辅食逐渐成为主食。10个月左右，宝宝的饮食已固定为早、中、晚三餐，每天的进餐次数减少，但每餐的进食量增加，两餐之间还需要适当吃些点心，来满足生长需求。11~12个月，宝宝的生长较为迅速，需要多补充糖类、蛋白质和脂肪。这个阶段，除了要给宝宝足够的营养，还应该避免营养过多，引起宝宝肥胖。

宝宝发育情况

年龄	身高（厘米）	体重（千克）	头围（厘米）	胸围（厘米）
10个月男宝宝	75.5	9.6	46.1	45.9
11个月男宝宝	76.5	9.9	46.3	46.1
12个月男宝宝	78.3	10.2	46.5	46.3
10个月女宝宝	73.8	9.0	44.9	44.7
11个月女宝宝	75.1	9.2	45.2	45.1
12个月女宝宝	76.8	9.4	45.5	45.5

每日营养需求

能量	蛋白质	脂肪	烟酸	叶酸	维生素A
397千焦/千克体重 非母乳喂养加20%	1.5~3克/千克体重	总能量的35%~40%	3毫克烟酸当量	80微克叶酸当量	400微克维生素A当量
维生素B₁	维生素B₂	维生素B₆	维生素B₁₂	维生素C	维生素D
0.3毫克	0.5毫克	0.3毫克	0.5微克	50毫克	10微克
维生素E	钙	铁	锌	镁	磷
3毫克维生素E当量	500毫克	10毫克	8毫克	70毫克	300毫克

食谱设计指导

特别提醒： 10~12个月的宝宝对母乳和奶类的需求量相对减少，此阶段宝宝的食量是成人食量的1/3~1/2。10个月起，宝宝可以吃软米饭、面条、粥、豆制品、碎菜、碎肉、饼干等食物。11个月的宝宝，由于吃奶量减少，可能会出现缺铁的现象，此时可给宝宝喂食含铁量较高的食物，如猪肝、芝麻、黑木耳等。到了12个月，宝宝的食物应更加全面和充分，但带壳海鲜类食物要谨慎添加。

这一阶段不宜给宝宝喂养的食物有：①刺激性太强的食物，如生姜、香辣料；②饮料、浓茶；③不易消化的食物，如糯米制品、花生米、瓜子、炒豆等；④太咸的食物，如酱油煮的鱼、咸菜等；⑤加有人参、蜂王浆的食品。

10个月宝宝的一日食谱

上午	6:30	母乳或配方奶200毫升
	9:30	饼干20克，母乳或配方奶100毫升
	12:00	蛋黄糊30克，软米饭30克，碎菜30克
下午	14:00	水果60克，面包片30克
	18:00	鸡肝粥60克，青菜碎40克
晚上	21:30	母乳或配方奶200毫升

每天1次给宝宝喂适量鱼肝油，保证饮用适量的白开水。

11个月宝宝的一日食谱

上午	6:30	母乳或配方奶250毫升
	9:30	鲜肉包30克，母乳或配方奶100毫升
	12:00	蔬菜软饭40克，蛋黄糊30克，肉汤40毫升
下午	15:00	饼干25克，水果80克
	18:00	肉泥面条100克，青菜碎40克
晚上	21:00	母乳或配方奶250毫升

每天1次给宝宝喂适量鱼肝油，保证饮用适量的白开水。

12个月宝宝的一日食谱

上午	6:30	母乳或配方奶250毫升
	8:30	馒头片25克，鸡蛋羹50克
	10:30	饼干25克，果汁150毫升
	12:00	米饭40克，蔬菜汤35毫升，炖肉30克
下午	15:00	水果60克，面包15克
	18:00	鱼泥软饭50克，时蔬饼1小块
晚上	21:00	母乳或配方奶250毫升

每天1次给宝宝喂适量鱼肝油，保证饮用适量的白开水。

营养食谱

妈妈喂养经

　　马蹄含有的磷能促进人体生长发育和维持生理功能的需要，有助于宝宝牙齿、骨骼的发育，同时可促进体内的糖、脂肪、蛋白质的代谢。

马蹄藕粉

◑原料：

马蹄肉85克，西蓝花70克，藕粉60克

◑做法：

1.汤锅中注清水烧开，放入洗好的西蓝花，煮至断生后捞出，备用。

2.将去皮洗净的马蹄肉剁成末；西蓝花切碎，剁成末。

3.锅中注清水烧开，放入马蹄、西蓝花，用小火煮沸。

4.倒入藕粉，搅拌匀，大火烧开。

5.把煮好的马蹄藕粉盛出，装入碗中即可。

营养食谱

妈妈喂养经

　　玉米含有蛋白质、亚油酸、钙、磷等营养成分，给宝宝食用，可增强其免疫力。由于红豆较硬，妈妈在制作时可将其尽量煮烂些，更利于宝宝食用。

红豆玉米饭

◑原料：

鲜玉米粒85克，水发红豆75克，水发大米200克

◑做法：

1.将备好的玉米、红豆、大米分别倒入碗中，加适量清水，搓洗干净。

2.砂锅中注入适量清水，用大火烧热。

3.倒入洗净的红豆、大米，搅拌均匀，再放入洗好的玉米粒，拌匀。

4.盖上锅盖，烧开后转小火煮约30分钟至全部食材熟透。

5.揭开锅盖，关火后盛出煮好的饭即可。

丝瓜瘦肉粥

妈妈喂养经

丝瓜含有蛋白质、脂肪、钙、磷、维生素等营养成分，其中维生素B_1含量也较高，适量食用，有利于小儿大脑发育及保持大脑健康。

◗ 原料：

丝瓜45克，瘦肉60克，水发大米100克

◗ 调料：

盐2克

◗ 做法：

1.分别将食材洗净，丝瓜去皮切粒，瘦肉剁成肉末。

2.锅中注入适量清水烧热，倒入洗净泡好的大米，拌匀。

3.盖上盖，用小火煮30分钟至大米熟烂；揭盖，倒入肉末，拌匀。

4.放入切好的丝瓜，拌匀煮沸，加入盐，拌匀。

5.将煮好的粥盛出，装入碗中即可。

菠萝蛋皮炒软饭

妈妈喂养经

菠萝含有大量的果糖、葡萄糖、维生素、磷、柠檬酸和蛋白酶等成分，它还含有一种跟胃液相类似的酵素，可以分解蛋白，帮助消化，幼儿可常食。

◗ 原料：

菠萝肉60克，蛋液适量，软饭180克，葱花少许

◗ 调料：

盐、食用油各少许

◗ 做法：

1.用油起锅，倒入蛋液，煎成蛋皮，盛出，放凉。

2.将煎好的蛋皮切成粒，洗净备好的菠萝肉切成粒。

3.用油起锅，倒入菠萝，炒匀；放入软饭，炒松散。

4.依次加少许清水、盐，翻炒均匀。

5.放入蛋皮，撒上少许葱花，炒匀；盛出炒好的饭即可。

13~18个月宝宝营养配餐

婴儿向幼儿过渡期：转眼，宝宝已经一周岁啦！13~18个月是宝宝长牙的关键时期，15个月左右的宝宝基本有了8颗牙齿，少数还开始长乳牙；到了18个月，宝宝会长出12颗牙。随着牙齿的生长，宝宝的咀嚼能力和消化能力都有了进一步的提高，但消化系统仍然较为娇弱，因此，还无法和大人一样进食。

13~18个月的宝宝，成长速度较婴儿期有所减缓，饭量也可能减少。不过，这一阶段宝宝的生长发育仍较快，大脑和身体也都处于飞速发展阶段，而满足宝宝生长发育的营养素一旦供应不足，就可能影响宝宝的身体健康和大脑发育。此时，父母可根据宝宝的生长特点，给宝宝补充所需的营养素，在饮食上也可以选择相应的特效功能营养餐作为补充。

宝宝发育情况

年龄	身高（厘米）	体重（千克）	头围（厘米）	胸围（厘米）
15个月男宝宝	81.4	11.0	47.3	47.3
18个月男宝宝	82.0	11.6	47.8	48.1
15个月女宝宝	80.2	10.4	46.0	46.1
18个月女宝宝	82.9	11.0	46.4	46.8

每日营养需求

能量	蛋白质	脂肪	烟酸	叶酸	维生素A
438~459千焦/千克体重	3.5克/千克体重	总能量的35%~40%	6毫克烟酸当量	150微克叶酸当量	500微克维生素A当量
维生素B$_1$	维生素B$_2$	维生素B$_6$	维生素B$_{12}$	维生素C	维生素D
0.6毫克	0.6毫克	0.5毫克	0.9微克	60毫克	10微克
维生素E	钙	铁	锌	镁	磷
4毫克维生素E当量	600毫克	12毫克	9毫克	100毫克	450毫克

食谱设计指导

特别提醒： 这个阶段，宝宝的食物已从奶类为主转向混合食物为主，在保证宝宝一日三餐主食的同时，还需要每日喂宝宝2次奶，400～500毫升；定时给宝宝加适量的点心或水果。加餐时间不宜安排得和正餐太近，以免影响宝宝正餐时的食欲和进食量，造成营养失调。

1岁之后，宝宝跟大人的饮食结构基本上一样，每天都要摄取足够的谷物、肉类、水果和蔬菜，只是口味要比大人的更清淡，食物要细、软。尽管宝宝的食物选择范围更广泛，但是宝宝的胃肠还没发育完善，对食物的适应能力较差，应避免给宝宝喂食有刺激性、过于油腻、过甜或过咸的食物。

13～18个月还是宝宝长牙的关键时期，除了帮助宝宝进行口腔护理，尽可能不给或少给宝宝吃糖果、巧克力外，还要给宝宝补充必要的"固齿食物"，让宝宝拥有一口漂亮坚固的小牙齿也是很重要的。父母可以给宝宝多喂食海带、鱼、新鲜蔬果、煮熟的豆类及豆制品等富含钙、维生素的食物。

之前宝宝不能吃的西红柿、橙子、猕猴桃、茄子、蛋清等食物，在宝宝1岁之后可以尝试性给宝宝食用。不过，油炸食品、烘烤食品、腌制食品和熟食，如火腿、香肠、红肠、洋快餐及果冻仍然不能给宝宝喂食。

13～15个月宝宝的一日食谱

	时间	食谱
上午	8:00	配方奶200毫升，二米粥25克，煮鸡蛋1个
	10:00	饼干40克，酸奶50毫升
	12:00	蔬菜软饭50克，肉汤30毫升，鲜鱼丸子40克
下午	15:00	水果1个，粗粮饼干1块
	18:00	香菇猪肉饺子100克
晚上	21:00	配方奶250毫升

每天1次给宝宝喂适量鱼肝油，保证饮用适量的白开水。

16～18个月宝宝的一日食谱

	时间	食谱
上午	8:00	配方奶200毫升，馒头20克，鸡蛋1个
	10:00	面包25克，酸奶50毫升
	12:00	肉泥软饭50克，西红柿蛋花汤40毫升，炒猪肝35克
下午	15:00	水果1个，曲奇30克
	18:00	鱼肉粥60克，碎蔬菜30克
晚上	21:00	配方奶250毫升

每天1次给宝宝喂适量鱼肝油，保证饮用适量的白开水。

鸡肝土豆粥

◑ 原料:
米碎80克,土豆80克,净鸡肝70克

◑ 调料:
盐少许

◑ 做法:
1.将去皮洗净的土豆切小块。
2.蒸锅上火烧沸,放入装有土豆块和鸡肝的蒸盘,中火蒸至食材熟透。
3.揭盖,取出蒸好的土豆、鸡肝,分别压成泥,待用。
4.汤锅中注入适量清水烧热,倒入米碎,小火煮至米粒呈糊状。
5.倒入土豆泥、鸡肝泥,拌匀,续煮片刻。
6.加少许盐,拌匀调味,关火后盛出煮好的鸡肝土豆粥即成。

妈妈喂养经

土豆是人们常食的蔬菜之一,它的营养价值极高,富含蛋白质、磷、钙、维生素等营养成分。婴幼儿食用土豆,可起到开胃健脾、增强免疫力的作用。

鸡肉花生汤饭

◑ 原料:
鸡胸肉50克,上海青、秀珍菇各少许,软饭190克,鸡汤200毫升,花生粉35克

◑ 调料:
盐2克,食用油少许

◑ 做法:
1.把洗净的鸡胸肉切丁,秀珍菇切粒,上海青切成小块。
2.用油起锅,倒入鸡丁,翻炒至其松散、变色;下入上海青、秀珍菇,翻炒至全部食材断生。
3.倒入备好的鸡汤,拌匀;加盐,调味;汤汁沸腾后倒入备好的软饭,拌匀。
4.撒上花生粉,拌匀,续煮至其溶化;盛出煮好的汤饭即成。

妈妈喂养经

鸡胸肉是婴幼儿补充蛋白质和脂肪的重要来源,同时,鸡胸肉还含有较多的铁、维生素A、维生素C等营养成分,能预防宝宝缺铁性贫血。

营养食谱

妈妈喂养经

土豆含有丰富的B族维生素及大量的优质纤维素，还含有微量元素、氨基酸、蛋白质和优质淀粉等营养元素，对幼儿有促进消化、提高食欲等作用。

西蓝花浓汤

◆原料：

土豆90克，西蓝花55克，面包丁45克，奶酪40克

◆调料：

盐少许，食用油适量

◆做法：

1.用油起锅，倒入面包丁，小火炸至微黄后捞出；锅底留油，倒入切好的土豆丁；注入适量清水，煮至土豆熟软，加少许盐调味。

2.关火，将煮好的土豆盛入碗中，倒入西蓝花、奶酪泥，混合均匀。

3.取榨汁机，选搅拌刀座组合，倒入碗中的食材，制成浓汤。

4.拌好的浓汤倒入碗中，撒上面包丁即成。

营养食谱

妈妈喂养经

花菜营养价值较高，含有丰富的维生素C和膳食纤维。宝宝食用花菜，可增强抵抗力，促进牙齿、骨骼的正常生长，还能保护视力和提高记忆力。

肉酱花菜泥

◆原料：

土豆120克，花菜70克，肉末40克，鸡蛋1个

◆调料：

盐少许，料酒2毫升，食用油适量

◆做法：

1.将去皮洗好的土豆切成条，花菜切碎，鸡蛋打入碗中，取蛋黄，备用。

2.用油起锅，倒入肉末，翻炒至转色，淋入料酒，炒香；倒入蛋黄，炒熟后盛出。

3.蒸锅置火上，放入土豆、花菜，中火蒸至食材熟透。

4.取出蒸好的食材，土豆压成泥，加盐、花菜末、蛋黄、肉末，拌匀。

5.将做好的肉酱花菜泥盛入碗中即成。

1.5~2岁宝宝营养配餐

幼儿早期： 1.5岁的宝宝已经陆续长出20颗左右的乳牙，宝宝的咀嚼能力进一步提高，消化功能也逐渐完善，其饮食也慢慢向"成人化"转变，谷物、蔬菜和肉类等食物逐渐成为宝宝的主食。

随着宝宝饮食结构的改变，宝宝食用的食物中，糖类所占的比例较大，这些糖类（也称碳水化合物）均能在体内转化为葡萄糖。由于宝宝对糖的代谢能力有限，过量摄入会增加宝宝的肝脏负担，还可能引起腹胀、腹泻，使未完全消化的蛋白质和脂肪随大便排出，导致营养素丢失。因此，这一阶段的宝宝不宜直接摄入过多葡萄糖，也不能用白糖代替葡萄糖。另外，为了保护宝宝的牙齿，妈妈在这个时期尽量不要给宝宝吃糖果，吃过糖果后要用清水漱口。

宝宝发育情况

年龄	身高（厘米）	体重（千克）	头围（厘米）	胸围（厘米）
21个月男宝宝	87.3	12.4	48.3	48.9
2岁男宝宝	91.2	13.1	48.7	49.6
21个月女宝宝	86.0	11.8	47.2	47.8
2岁女宝宝	89.9	12.6	47.6	48.5

每日营养需求

能量	蛋白质	脂肪	烟酸	叶酸	维生素A
438~459千焦/千克体重	3.5克/千克体重	总能量的35%~40%	6毫克烟酸当量	150微克叶酸当量	400微克维生素A当量
维生素B_1	维生素B_2	维生素B_6	维生素B_{12}	维生素C	维生素D
0.6毫克	0.6毫克	0.5毫克	0.9微克	60毫克	10微克
维生素E	钙	铁	锌	镁	磷
4毫克维生素E当量	600毫克	12毫克	9毫克	100毫克	450毫克

食谱设计指导

特别提醒： 经过前阶段的准备，宝宝的肠胃消化、吸收功能得到进一步发展，免疫力也有所提高，之前需要小心食用的食物，现在都可以食用了。自这个时期起，宝宝的食物来源更应多样化，谷物、豆类、肉、鱼、蛋、奶、蔬菜、水果、油脂各类食品在这一时期都需要给宝宝适量喂食。各类食物之间要调配得当，即荤素食、粗细粮食摄入比例适当，保证营养均衡。

不过，宝宝的胃容量较小，一次进食的量不宜过多，最好每天在三餐之外给宝宝吃一次点心，点心可以选用奶粉、水果、营养饼干等食物，但不要吃得过多，以免影响宝宝正常食欲和食量，时间长了，还可能导致宝宝营养不良。

尽管这个时期，宝宝的咀嚼能力有了很大的提高，但是吞咽功能并不完全，要避免给宝宝吃花生米、瓜子、有核的枣以及果冻，以免误吞入气管，引起窒息。父母可适当提供一些需要宝宝咀嚼又能咀嚼得动的食物，所提供的食物硬度也应循序渐进。

此外，父母在为孩子烹调食物时，不仅要营养均衡、合理，还应该兼顾宝宝的生理特点，给宝宝的食物应色、香、味俱全，让宝宝喜欢、爱吃。这个阶段，宝宝在吃饭的时候可能会出现边吃边玩的情况，父母可在就餐前收走玩具、关掉电视，不强迫宝宝吃他不喜欢的食物，让宝宝集中注意力吃饭。

19～21个月宝宝的一日食谱

	时间	食谱
上午	8:00	配方奶150毫升，肉丝面1小碗
	10:00	酸奶50毫升，小点心25克
	12:00	米饭50克，鸡蛋羹1小碗，鱼肉40克
下午	15:00	水果1个，饼干25克
	18:00	馄饨100克，蔬菜沙拉50克
晚上	21:00	配方奶200毫升

每天1次给宝宝喂适量鱼肝油，保证饮用适量的白开水。

21个月～2岁宝宝的一日食谱

	时间	食谱
上午	8:00	鲜牛奶150毫升，发糕50克，鸡蛋1个
	10:00	豆浆100毫升，点心20克
	12:00	青菜软饭1小碗，鸡丁30克，猪肝汤50毫升
下午	15:00	水果1个，饼干40克
	18:00	米饭50克，黄瓜40克，炖排骨50克
晚上	21:00	鲜牛奶200毫升

每天1次给宝宝喂适量鱼肝油，保证饮用适量的白开水。

营养食谱

妈妈喂养经

瘦肉含有大量的优质蛋白，矿物质含量也很丰富，脂肪含量低，婴幼儿食用瘦肉，不仅能使营养均衡，还可健脑益智、增强记忆力。

肉末碎面条

◑原料：

肉末50克，上海青、胡萝卜各适量，水发面条120克，葱花少许

◑调料：

盐2克，食用油适量

◑做法：

1.食材洗净，胡萝卜去皮切成粒，上海青切粒，面条折成小段。

2.用油起锅，倒入肉末，翻炒至其变色；下入胡萝卜粒、上海青，翻炒几下。

3.注入适量清水，炒匀；加盐，拌匀。

4.用大火煮至汤汁沸腾，放入面条，转中火煮至全部食材熟透。

5.关火后盛出煮好的面条，装在碗中，撒上葱花即成。

营养食谱

妈妈喂养经

香菇富含多种维生素、矿物质，可促进人体新陈代谢，婴幼儿食用香菇，还能预防因缺乏维生素D而引起的血磷、血钙代谢障碍。

什锦炒软饭

◑原料：

西红柿60克，鲜香菇25克，肉末45克，软饭200克，葱花少许

◑调料：

盐少许，食用油适量

◑做法：

1.将食材洗净，西红柿切成丁，香菇切成小丁块。

2.用油起锅，倒入备好的肉末，翻炒至转色；放入西红柿、香菇，炒匀、炒香。

3.倒入备好的软饭，炒散、炒透，撒上葱花，炒出葱香味。

4.再调入盐，炒匀调味。

5.关火，盛出炒好的菜肴，装入备好的碗中即成。

营养食谱

妈妈喂养经

　　豆腐含有铁、钙、磷、镁、优质蛋白质等成分，不仅能够增强营养，促进消化，对幼儿牙齿、骨骼的生长发育也大有裨益。

炒三丁

◑原料：

黄瓜170克，鸡蛋1个，豆腐155克，面粉30克

◑调料：

盐少许，生抽2毫升，水淀粉3毫升，食用油适量

◑做法：

1.用鸡蛋、面粉、少许盐和食用油，调制鸡蛋面糊，放入烧热的蒸锅中，蒸成蛋糕，取出，切小块。

2.锅中注清水烧开，放入少许食用油、盐，倒入切好的豆腐、黄瓜，略煮后捞出。

3.用油起锅，倒入焯好的食材、蛋糕，翻炒片刻，加盐、生抽、水淀粉调味。

4.关火，盛出炒好的菜肴即可。

营养食谱

妈妈喂养经

　　山楂含有山楂酸、果胶等营养成分，其特殊的色、香、味能增强食欲，适量给宝宝喂食山楂，可增强幼儿的脾胃功能，提高免疫力。

山楂玉米粒

◑原料：

鲜玉米粒100克，水发山楂20克，姜片、葱段各少许

◑调料：

盐3克，鸡粉2克，水淀粉、食用油各适量

◑做法：

1.锅中注清水烧开，加1克盐，倒入玉米粒，搅拌几下，焯1分钟。

2.放入泡洗好的山楂，焯片刻，捞出，沥干水分，备用。

3.用油起锅，下入姜片、葱段，炒香。

4.倒入焯好的玉米和山楂，快速拌炒匀；加入2克盐、鸡粉调味。

5.倒入水淀粉，炒至食材入味，盛出炒好的菜即可。

2~3岁宝宝营养配餐

幼儿晚期：打开家门，当宝宝跟跟跄跄地奔向你的怀抱，甚或递上一双鞋，欣喜和感动立刻就能驱散一天的疲劳。这些出其不意的感动和快乐，随着这个"小天使"的慢慢长大还会更多。

2岁之后，宝宝能做的事情越来越多，活动范围也越来越大，比如，他会在家里跑来跑去，喜欢和周围的小朋友一起玩，甚至还会装模作样地做些大人的动作或是用大人的口吻讲话……宝宝的营养需求也较以前有了很大的变化，这一阶段，他们需要更多的蛋白质和全面的营养。

然而，宝宝也会伴随着自主意识而成长。宝宝在饮食上可能出现偏食、挑食，还有可能对父母的要求不加理睬，故意不好好吃饭。为此，父母可能需要更多的耐心，并讲究一定的喂食技巧，让宝宝吃得更开心、健康。

宝宝发育情况

年龄	身高（厘米）	体重（千克）	头围（厘米）	胸围（厘米）
2.5岁男宝宝	92.4	13.2	49.0	50.7
3岁男宝宝	94.9	14.3	49.5	51.2
2.5岁女宝宝	90.3	12.7	48.3	49.6
3岁女宝宝	94.6	13.8	48.5	50.0

每日营养需求

能量	蛋白质	脂肪	烟酸	叶酸	维生素A
480~500千焦/千克体重	4克/千克体重	总能量的30%~35%	6毫克烟酸当量	150微克叶酸当量	400微克维生素A当量
维生素B$_1$	**维生素B$_2$**	**维生素B$_6$**	**维生素B$_{12}$**	**维生素C**	**维生素D**
0.6毫克	0.6毫克	0.5毫克	0.9微克	60毫克	10微克
维生素E	**钙**	**铁**	**锌**	**镁**	**磷**
4毫克维生素E当量	600毫克	12毫克	10毫克	100毫克	450毫克

食谱设计指导

特别提醒：合理、均衡的膳食对宝宝来说是十分重要的。合理的营养是健康的基础，平衡膳食是宝宝营养全面的主要途径。2~3岁宝宝的食物来源应包含谷物、豆类、蔬菜、水果、肉、禽、蛋、奶，一天膳食既要有肉、蛋，也要有蔬菜，坚持主食粗细搭配、辅食荤素搭配。同时，为了保证宝宝钙的吸收，宝宝每天仍需要饮用400~500毫升的牛奶，以及多吃含钙量高的食物，并保证一定时间的日照。

2岁之后，宝宝对蛋白质的需求有所增加，可以给宝宝喂食瘦肉、豆类、奶类、动物内脏和鱼虾等蛋白质含量高的食物。不过，这个时期也是宝宝易对食物产生变态反应的时期，父母给孩子添加容易引起变态反应的食物时，如螃蟹、虾、扁豆、竹笋等，应该一次只少量添加一种，仔细观察宝宝食用后的反应，如果有变态反应（例如，皮肤见红疹），应立刻停止喂食。

此外，2~3岁也是宝宝视力发展的重要时期，父母可以给这一年龄段的宝宝喂食一些对眼睛有益的食物，如动物肝脏、鱼肝油、奶类、胡萝卜、苋菜、韭菜、橘子等富含维生素A的食物。

这个时期是宝宝饮食习惯培养的重要时期，作为家长在这一方面要多些耐心和讲究一定的方式，让宝宝养成定时定量进餐、吃饭细嚼慢咽，不偏食、不厌食的好习惯。不宜给宝宝过多喂食巧克力、肥肉、太精细的食物以及加工饮料，以免引起小儿肥胖。

2岁宝宝的一日食谱

上午	8:00	鲜牛奶200毫升，花卷30克
	10:00	牛奶麦片30克，鸡蛋羹30克
	12:00	米饭60克，大白菜80克，土豆炖牛肉50克
下午	15:00	水果1个，点心50克
	18:00	鸡肝面100克，炒青菜50克
晚上	21:00	鲜牛奶200毫升，面包片20克

每天1次给宝宝喂适量鱼肝油，保证饮用适量的白开水。

3岁宝宝的一日食谱

上午	8:00	牛奶麦片150克，花卷50克
	12:00	南瓜饭60克，炖鱼片50克，炒生菜100克
下午	15:00	水果1个，点心50克，豆奶200毫升
	18:00	香菇猪肉饺子100克，素炒胡萝卜丝30克
晚上	21:00	鲜牛奶200毫升

每天1次给宝宝喂适量鱼肝油，保证饮用适量的白开水。

营养食谱

妈妈喂养经

胡萝卜、白菜和橘子均含有较为丰富的维生素，其中胡萝卜对保护幼儿视力有利，白菜富含膳食纤维，可预防宝宝便秘，增强宝宝的抵抗力。

果汁白菜心

● 原料：

橘子90克，大白菜100克，胡萝卜70克，香菜少许

● 做法：

1.分别将洗净的胡萝卜、大白菜切粒，香菜切段，橘子取果肉。

2.取榨汁机，选搅拌刀座组合，倒入备好的食材，榨取蔬果汁。

3.将蔬果汁倒入汤锅中，小火煮约1分钟，烧开。

4.拌匀后，盛出煮好的蔬果汁，装入碗中即可。

营养食谱

妈妈喂养经

日本豆腐富含蛋白质、钾、钙、维生素C等营养成分，有止咳化痰、消炎等作用。幼儿食用日本豆腐，不仅能补钙，还对小儿咳嗽等病症有预防作用。

环玉狮子头

● 原料：

猪肉130克，日本豆腐100克，莲藕110克，青豆、枸杞各少许

● 调料：

盐3克，鸡粉2克，蚝油5克，生抽3毫升，水淀粉、食用油各适量

● 做法：

1.取榨汁机，选绞肉刀座组合，将切好的猪肉绞成肉泥，倒入碗中，加盐、鸡粉、水淀粉，拌匀，放入青豆和剁碎的莲藕，制成狮子头生坯。

2.将装有豆腐块、狮子头生坯的蒸盘放入烧热的蒸锅中，蒸熟后取出。

3.用油起锅，注入少许清水，加生抽、蚝油，制成稠汁，浇在蒸熟的狮子头上，点缀上枸杞即可。

营养食谱

时蔬肉饼

原料：
菠菜50克，西红柿85克，土豆85克，芹菜50克，肉末75克

调料：
盐少许

做法：
1.西红柿洗净、去皮，剁碎，土豆切成小块，芹菜剁成末。
2.切好的土豆装盘，放入烧开的蒸锅中，蒸熟后取出，压成土豆泥。
3.将制好的土豆泥装入碗中，放入肉末，加少许盐，倒入西红柿、菠菜和芹菜，制成蔬菜肉泥，并用模具压制成饼坯。
4.蒸锅烧热，放入饼坯，蒸熟后取出，装入另一个盘中即可。

妈妈喂养经

猪肉含有丰富的蛋白质、钙、磷、铁等成分，具有补虚强身、益气补血等功效。猪肉营养丰富，幼儿经常食用可促进智力的发育，增强身体的免疫力。

营养食谱

软煎鸡肝

原料：
鸡肝80克，蛋清50毫升，面粉40克

调料：
盐1克，料酒2毫升，食用油适量

做法：
1.汤锅中注清水，放入洗净的鸡肝、盐、料酒，盖上盖，煮至鸡肝熟透。
2.揭盖，把煮熟的鸡肝取出，切成片。
3.面粉倒入碗中，加入蛋清，制成面糊。
4.将鸡肝裹上面糊，放入热油的煎锅中，两面煎熟后盛出。
5.将煎好的鸡肝取出装盘即可。

妈妈喂养经

鸡肝中铁含量较高，是常用的补血食品，具有维持正常生长和生殖功能的作用，能保护眼睛，维持正常视力，防止眼睛干涩、疲劳，维持健康的肤色。

4~6岁宝宝营养配餐

学龄前期：过完4岁生日，孩子越来越像个小大人，活动和理解能力也飞速发展。他总是精力充沛，充满活力，常常能兴致勃勃地玩一整天，不仅不肯睡午觉，晚上也依然很精神。然而，父母不得不知，尽管如此，此时宝宝身体的各项功能还不完善，容易疲劳，要有足够的睡眠，才能有好的食欲。4~6岁的宝宝，每天睡眠时间应不少于10小时。

这个阶段，宝宝每天在幼儿园都会有一定的室外活动和室内游戏，体能消耗更多，所需的能量也随之增加，父母需要给宝宝提供更为充足、均衡的营养，也应避免营养过剩，影响孩子健康。另外，父母应引导孩子多运动，少吃肥肉、油炸食品和膨化食品，预防儿童肥胖。

宝宝发育情况

年龄	身高（厘米）	体重（千克）	头围（厘米）	胸围（厘米）
4岁男宝宝	102.1	15.6	49.8	52.3
5岁男宝宝	105.3	16.5	50.1	53.1
6岁男宝宝	108.6	17.4	50.5	54.6
4岁女宝宝	101.2	15.2	48.9	51.2
5岁女宝宝	104.5	16.2	49.2	52.0
6岁女宝宝	107.6	16.8	49.5	53.2

每日营养需求

能量	蛋白质	脂肪	烟酸	叶酸	维生素A
543~627千焦/千克体重	4.5~5.5克/千克体重	总能量的30%~35%	7毫克烟酸当量	200微克叶酸当量	500微克维生素A当量
维生素B_1	维生素B_2	维生素B_6	维生素B_{12}	维生素C	维生素D
0.7毫克	0.7毫克	0.6毫克	1.2微克	70毫克	10微克
维生素E	钙	铁	锌	镁	磷
5毫克维生素E当量	800毫克	12毫克	12毫克	150毫克	500毫克

食谱设计指导

特别提醒：4～6岁是孩子生长发育的关键年龄，这个时期的孩子尽管饮食内容已经和大人一样，但应尽量做到品种多样，荤素搭配，粗细粮交替。不过，此时孩子的消化系统较为敏感，为了避免破坏孩子的味觉，养成不挑食、不偏食的饮食习惯，家长在烹调加工食物时应清淡、少盐，不使用刺激性调味品。

4～6岁孩子对某些营养成分的需求多于成人，这个时候的小萌宝们每天都需要喝牛奶、吃鸡蛋，饮食中也可增加瘦肉、蛋、奶、豆类等富含蛋白质的食物。尤为值得家长注意的是，给这个时期的孩子喂食豆类食品，宜以豆浆、豆腐等加工过的豆制品为主，不可给小孩吃炒黄豆。

另外，4～6岁的孩子每日饮水量为1000～1200毫升，以白开水为主，少喝加工饮料。

4岁宝宝的一日食谱

上午	8:00	荞麦馒头1个，豆浆200毫升
	12:00	菠萝饭80克，鱼香茄子80克，排骨汤100毫升
下午	15:00	点心50克，酸奶50毫升
	18:00	白米粥80克，黄瓜炒猪肝100克，小白菜50克
晚上	20:00	鲜牛奶100毫升

每天1次给宝宝喂适量鱼肝油，保证饮用适量的白开水。

5岁宝宝的一日食谱

上午	8:00	鲜肉饺子100克，豆浆200毫升
	12:00	米饭80克，爽滑鸭肉丝60克，手撕包菜60克
下午	15:00	水果1个，点心50克
	18:00	二米饭75克，土豆炖牛肉100克，西红柿蛋花汤100毫升
晚上	20:00	鲜牛奶100毫升

每天1次给宝宝喂适量鱼肝油，保证饮用适量的白开水。

6岁宝宝的一日食谱

上午	8:00	南瓜饼30克，白米粥40克，豆浆150毫升
	12:00	米饭50克，五彩鸡丝60克，炒花菜55克
下午	15:00	水果1个，蛋糕40克
	18:00	玉米粥75克，口蘑焖豆腐60克，番茄汁鱼片60克
晚上	20:00	鲜牛奶100毫升

每天1次给宝宝喂适量鱼肝油，保证饮用适量的白开水。

营养食谱

妈妈喂养经

豆角含有大量的蛋白质、磷、钙、铁和维生素B$_1$、维生素B$_2$、膳食纤维等，其中以磷的含量较丰富，有健脾补肾的功效，可辅助治疗儿童消化不良。

蒜蓉棒棒糖

◑ 原料：

豆角90克，竹签数根，蒜蓉适量

◑ 调料：

盐少许，鸡粉1克，白醋2毫升，芝麻油1毫升

◑ 做法：

1.锅中注清水烧开，放入洗净的豆角，煮2分钟至熟。

2.将煮好的豆角捞出，卷成圆圈状，用竹签固定，做成棒棒糖形状，装入盘中。

3.将蒜蓉装入碗中，放入少许盐、鸡粉、芝麻油、白醋，拌匀，调成蒜蓉汁。

4.将制好的蒜蓉汁浇在豆角棒棒糖上，即可给宝宝食用。

营养食谱

妈妈喂养经

草鱼含有丰富的蛋白质、脂肪、多种维生素，还含有核酸、锌、硒等成分，有增强体质、补中调胃的作用，对幼儿的骨骼生长有特殊作用。

鱼泥西红柿豆腐

◑ 原料：

豆腐130克，西红柿60克，草鱼肉60克，姜末、蒜末、葱花各少许

◑ 调料：

番茄酱10克，白糖6克，食用油适量

◑ 做法：

1.把豆腐压成泥状；草鱼切成丁；西红柿去蒂。

2.烧开蒸锅，放入鱼肉、西红柿，蒸熟后取出；将鱼肉压成泥，西红柿剁碎。

3.用油起锅，下入姜末、蒜末，爆香，倒入鱼肉泥、豆腐泥，拌炒匀。

4.加入番茄酱、清水，再下入西红柿，加白糖，拌匀。

5.撒上少许葱花，拌匀后盛出即可。

PART 3

百变餐桌，
营养餐点任挑选

为了让心爱的小baby津津有味地大口吃饭，妈妈们总是花尽心思，想给宝宝营养美味的食物，如何才能制作出365天不重样的百变花样美食呢？在这一章节中，爱心妈妈们终于可以大显身手了，无论你想给宝宝热量满满的主食、菜品，还是营养满分的汤粥、泥糊，或者想给宝宝添点小零食，都能让你尽情挑、尽情选。花样餐桌，幸福滋味！让妈妈的味道陪伴孩子健康成长吧！

缤纷可口蔬果汁

推荐食谱

妈妈喂养经

宝宝的肠胃功能尚未发育完全，喂食蔬果汁，可用温水稀释，以利吸收。

黄瓜汁

● 原料：

黄瓜120克

● 做法：

1.将洗净的黄瓜划成细条形，再切成丁，备用。

2.取榨汁机，选择搅拌刀座组合，倒入黄瓜丁。

3.注入少许纯净水，盖上盖。

4.选择"榨汁"功能，榨取黄瓜汁。

5.断电后倒出黄瓜汁，装入杯中即可。

推荐食谱

妈妈喂养经

西红柿含柠檬酸、维生素、矿物质等营养成分，能够帮助宝宝消积食、健肠胃、解热毒；搭配富含维生素C的苹果榨汁，能提高幼儿免疫力。

苹果西红柿汁

● 原料：

苹果35克，西红柿60克

● 调料：

白糖适量

● 做法：

1.苹果切开，去除果核，削去果皮，改切成小丁块，备用。

2.西红柿切开，去除蒂部，改切成丁，放入盘中，待用。

3.取榨汁机，选择搅拌刀座组合，倒入切好的西红柿、苹果。

4.注温开水，加入适量白糖，盖上盖。

5.选择"榨汁"功能，榨取蔬果汁。

6.断电后倒出榨好的蔬果汁，装入备好的杯中即可。

推荐食谱

妈妈喂养经

芒果和雪梨都是营养丰富的水果，尤其是雪梨，汁水多，有润肺清心的功效，对幼儿肺热咳嗽有效；而芒果维生素含量高，能够提升宝宝的抗病能力。

芒果雪梨汁

◖ 原料：

雪梨110克，芒果120克

◖ 做法：

1.清洗干净、去皮的雪梨切开，去核，切成小块。

2.芒果对半切开，去除表皮，切成小瓣，备用。

3.取榨汁机，选择搅拌刀座组合。

4.将芒果肉、雪梨块倒入搅拌杯中，注入适量纯净水。

5.盖上盖，选择"榨汁"功能，开始榨取果汁。

6.断电后倒出果汁，装入玻璃杯中即可。

推荐食谱

妈妈喂养经

胡萝卜与圣女果富含维生素A及维生素C，对幼儿的视力、肠胃健康非常有益，且圣女果中还含有番茄红素，可健胃消食，能改善幼儿食欲不振的状况。

圣女果胡萝卜汁

◖ 原料：

圣女果120克，胡萝卜75克

◖ 做法：

1.去皮洗净的胡萝卜切丁，洗净的圣女果对半切开。

2.取备好的榨汁机，选择搅拌刀座组合，倒入切好的胡萝卜和圣女果。

3.注入适量纯净水，至水位线即可。

4.盖上盖子，选择"榨汁"功能，开始榨取汁水。

5.断电后倒出果汁，装入杯中即可。

推荐食谱

妈妈喂养经

　　本品具有清热解毒、消食止泻、生津止渴的作用，对防治小儿腹泻有益；且菠萝还有解油腻的作用。饭后吃些菠萝解除油腻，可防止小儿肥胖。

菠萝甜橙汁

◖原料：

菠萝肉100克，橙子150克

◖做法：

1.将处理好的菠萝切开，再切成小块。

2.洗净的橙子切开，再切成瓣，去除果皮，将果肉切成小块。

3.取榨汁机，选择搅拌刀座组合，倒入切好的菠萝、橙子。

4.倒入适量纯净水，盖上盖子；选择"榨汁"功能，榨取果汁。

5.揭开盖，将榨好的果汁倒入杯中即可。

推荐食谱

妈妈喂养经

　　桃子营养丰富，其中富含的角质物能吸收大肠中大量水分，达到润肠通便的效果，搭配胡萝卜食用，对防治幼儿肥胖及促进视力发育都有益。

桃子胡萝卜汁

◖原料：

桃子120克，胡萝卜85克

◖做法：

1.桃子切成小块，胡萝卜切成丁，备用。

2.取榨汁机，选择搅拌刀座组合，倒入切好的桃子、胡萝卜。

3.加入适量矿泉水。

4.盖上盖，选择"榨汁"功能，开始榨取汁水。

5.断电后揭开盖，倒出果汁；撇去浮沫即可食用。

推荐食谱

妈妈喂养经

　　幼儿对铁的需求量大，若供给不足易造成贫血，常食芹菜能够满足幼儿对铁的需求量；白萝卜能促进胃肠蠕动、增进食欲，对食欲不振的幼儿有益。

芹菜白萝卜汁

◗ 原料：

芹菜45克，白萝卜200克

◗ 做法：

1.将洗净的芹菜切成碎末状。

2.洗好去皮的白萝卜切片，再切成条，改切成丁，备用。

3.取榨汁机，选择搅拌刀座组合，倒入切好的芹菜、白萝卜。

4.注入适量温开水，盖上盖；选择"榨汁"功能，榨取蔬菜汁。

5.断电后倒出蔬菜汁，滤入碗中即可。

推荐食谱

妈妈喂养经

　　葡萄含有的天然聚合苯酚能与病毒、细菌中的蛋白质结合，破坏其传染疾病的能力，增强小儿抵抗力，减少感冒、发热的发生率。

葡萄胡萝卜汁

◗ 原料：

葡萄75克，胡萝卜50克

◗ 做法：

1.胡萝卜切成丁，葡萄切小瓣，备用。

2.取榨汁机，选择搅拌刀座组合。

3.倒入葡萄、胡萝卜，加入温开水。

4.盖上盖，选择"榨汁"功能，开始榨取蔬果汁。

5.断电后取下搅拌杯。

6.倒出榨好的蔬果汁，装入备好的杯中，即可饮用。

润滑爽口的泥糊

推荐食谱

妈妈喂养经

此品能给宝宝补给充足的钙、维生素C，对宝宝的智力及骨骼发育有益。

草莓牛奶羹

◆原料：

草莓60克，牛奶120毫升

◆做法：

1.将洗净的草莓去蒂，对半切开，再切成瓣，改切成丁，备用。

2.取榨汁机，选择搅拌刀座组合，将切好的草莓倒入搅拌杯中。

3.放入牛奶。

4.注入适量温开水，盖上盖。

5.选择"榨汁"功能，榨取果汁。

6.断电后倒出汁液，装入碗中即可。

推荐食谱

妈妈喂养经

南瓜含有人体所必需的氨基酸，还有幼儿所需的组氨酸；所含的亚麻酸、卵磷脂等能够促进婴幼儿大脑及骨骼的发育，搭配燕麦，还能润肠通便。

燕麦南瓜泥

◆原料：

南瓜250克，燕麦55克

◆调料：

盐少许

◆做法：

1.去皮南瓜切成片；燕麦装入碗中，加入清水浸泡一会儿。

2.蒸锅置于火上烧开，放入南瓜、燕麦。

3.盖上锅盖，中火蒸5分钟至燕麦熟透；揭开锅盖，将蒸好的燕麦取出，待用。

4.再盖上盖，继续蒸5分钟至南瓜熟软，取出；取一玻璃碗，将南瓜倒入其中，加入少许盐，搅匀。

5.加入蒸好的燕麦，快速搅拌1分钟至成泥状，即可。

推荐食谱

妈妈喂养经

苹果含有丰富的锌，锌是人体中许多重要酶的组成成分，是促进宝宝生长发育的重要元素；本品中还含有有机酸和果酸质，能保护宝宝牙齿，防止蛀牙。

苹果红薯泥

◀ 原料：

苹果90克，红薯140克

◀ 做法：

1.将去皮洗净的红薯切成瓣。

2.去皮洗好的苹果切成瓣，去核，改切成小块，装盘待用。

3.把装有红薯的盘子放入烧开的蒸锅中，再放入苹果。

4.用中火蒸15分钟至熟；将蒸熟的苹果、红薯取出。

5.把红薯放入碗中，用勺子把红薯压成泥状；倒入苹果，压烂，拌匀。

6.取榨汁机，选择搅拌刀座组合，把苹果红薯泥舀入杯中；将苹果红薯泥搅匀。

7.将制作好的苹果红薯泥装入碗中即可。

推荐食谱

妈妈喂养经

茄子营养丰富，含有蛋白质、维生素等营养成分，有清热解暑的作用，适合容易长痱子的幼儿食用；搭配猪肉食用，对提高幼儿免疫力也非常有益。

肉末茄泥

◀ 原料：

肉末90克，茄子120克，上海青少许

◀ 调料：

盐少许，生抽、食用油各适量

◀ 做法：

1.将洗净的茄子去皮，切成段，再切成条；洗好的上海青切丝，再切成粒。

2.把茄子放入烧开的蒸锅中；用中火蒸15分钟至熟，把蒸熟的茄子取出，放凉。

3.将茄子放在砧板上，压烂，剁成泥。

4.用油起锅，倒入肉末，翻炒至松散、转色；放入生抽，炒匀、炒香；放入切好的上海青，炒匀。

5.把茄子泥倒入锅中；加入少许盐，翻炒均匀；盛出装盘即可。

推荐食谱

妈妈喂养经

山药富含蛋白质、多种矿物质，蓝莓含有有机酸、花青素等，故本品有健脾益胃、助消化、强筋骨的作用，可辅助治疗幼儿腹泻，预防感冒。

蓝莓山药泥

原料：

山药180克，蓝莓酱15克

调料：

白醋适量

做法：

1.将去皮洗净的山药切成块。

2.把山药浸入清水中，加少许白醋；搅拌均匀，去除黏液，将山药捞出，装入盘中，备用。

3.把山药放入烧开的蒸锅中，用中火蒸15分钟至熟；把蒸熟的山药取出。

4.把山药倒入大碗中，先用勺子压烂，再用木锤捣成泥。

5.取一个干净的碗，放入山药泥；再放上蓝莓酱即可。

推荐食谱

妈妈喂养经

香蕉富含的维生素、矿物质和菠菜富含的膳食纤维，都具有清热、润肠之效，且香蕉所含果糖易为幼儿吸收，对于腹泻不止的乳糖酶缺乏儿，可常食。

菠菜香蕉泥

原料：

菠菜80克，香蕉1根

做法：

1.锅中注清水烧开，放入菠菜，煮半分钟，把焯好的菠菜捞出。

2.将菠菜切成粒；香蕉去皮，把果肉压烂，剁成泥状。

3.取榨汁机，选搅拌刀座组合，把菠菜倒入杯中。

4.拧紧刀座，选择"搅拌"功能，榨取菠菜汁；把菠菜汁倒入碗中，备用。

5.锅中注入适量清水烧热，倒入菠菜汁，加入备好的香蕉泥。

6.用锅勺搅拌均匀，煮至沸，盛出锅中材料，装入碗中即可。

土豆青豆泥

◀ 原料：

土豆130克，青豆40克

◀ 做法：

1.洗好去皮的土豆切厚片，用斜刀切段，再切成薄片。

2.把切好的土豆放入蒸碗中，将其放入烧开的蒸锅中。

3.用中火蒸约15分钟至食材熟软，取出蒸盘，放凉待用。

4.青豆放入烧开的蒸锅中，用中火蒸约10分钟至青豆熟软；取出青豆，放凉待用。

5.取大碗，倒入土豆，压成泥状；放入青豆，捣成泥状，搅拌均匀。

6.另取一个小碗，盛入拌好的土豆青豆泥，即可。

妈妈喂养经

土豆与青豆都含有大量的淀粉和蛋白质，两者搭配，对宝宝有健脑益智、健骨强身的作用，且土豆中含有的维生素C能促进脾胃消化，对宝宝肠胃有利。

原味虾泥

◀ 原料：

虾仁60克

◀ 调料：

盐少许

◀ 做法：

1.用牙签挑去虾仁的虾线，把虾仁拍烂，剁成虾泥。

2.将虾泥装入碗中，放入少许盐；加入少许清水，拌匀。

3.将虾泥转入另一个碗中；把虾泥放入烧开的蒸锅内。

4.盖上盖，用大火蒸5分钟。

5.关火，把蒸熟的虾泥取出，稍微放凉后即可给宝宝喂食。

妈妈喂养经

虾肉味道鲜美，营养丰富，其钙含量为各种动植物食品之冠，还含有丰富的磷、铁，可以满足人体对钙质的需要，促进幼儿骨骼、牙齿的生长发育。

滋补清润煲汤粥

推荐食谱

妈妈喂养经

本品营养丰富，对幼儿的骨骼及牙齿发育有益，还能有效预防幼儿流感。

黑米红豆粥

❶原料：

水发黑米120克，水发大米150克，水发红豆50克

❶做法：

1.砂锅中注入适量清水烧开，倒入洗好的红豆、黑米。

2.放入洗净的大米，搅拌均匀。

3.盖上盖，烧开后用小火煮约40分钟至食材熟透。

4.揭盖，搅拌片刻。

5.关火后盛出煮好的粥，装入碗中即可。

推荐食谱

妈妈喂养经

鱼丸不仅易消化，而且有助于大脑发育；白萝卜具有促进消化、增进食欲的作用；幼儿食用本品，不但对智力发育、胃肠道有益，还对咳嗽有缓解作用。

萝卜鱼丸汤

❶原料：

白萝卜150克，鱼丸100克，芹菜40克，姜末少许

❶调料：

盐2克，鸡粉少许，食用油适量

❶做法：

1.芹菜切粒，去皮白萝卜切成细丝。

2.鱼丸对半切开，再切上网格花刀；切好的食材装盘，待用。

3.用油起锅，下入姜末，爆香，倒入白萝卜丝，翻炒；注入清水，下入鱼丸。

4.再调入盐、鸡粉，搅拌匀，用中火烧开；中小火续煮约2分钟至食材熟透。

5.撒上芹菜粒；搅匀，再煮至其断生。

6.关火后盛出鱼丸汤，放在碗中即成。

青菜猪肝汤

原料：

猪肝90克，菠菜30克，高汤200毫升，胡萝卜25克，西红柿55克

调料：

盐2克，食用油适量

做法：

1.菠菜切碎；猪肝、西红柿切成粒；胡萝卜切片，再切丝。
2.用油起锅，倒入高汤；加入盐，倒入胡萝卜、西红柿，烧开。
3.放入切好的猪肝，拌匀煮沸，下入切好的菠菜。
4.搅拌均匀，用大火烧开。
5.关火，将锅中煮好的汤盛出，装入碗中即可。

妈妈喂养经

　　猪肝与菠菜中富含的铁、磷是造血不可缺少的原料；猪肝富含的蛋白质、卵磷脂有利于幼儿的智力和身体发育；富含的维生素A，能保护视力。

玉米虾仁汤

原料：

西红柿70克，西蓝花65克，虾仁60克，鲜玉米粒50克，高汤200毫升

调料：

盐2克

做法：

1.西红柿、玉米粒、西蓝花剁成末；虾仁挑去虾线，再剁成末。
2.锅中注清水烧开，倒入高汤，搅拌；倒入切好的西红柿，放入玉米碎，搅拌均匀。
3.煮沸后小火煮约3分钟，下入西蓝花。
4.搅拌匀，再用大火煮沸；加入盐，拌匀调味，下入虾肉末。
5.中小火续煮片刻至全部食材熟透；关火后盛入汤碗中即成。

妈妈喂养经

　　西蓝花中的营养成分不仅含量高，而且十分全面，主要有蛋白质、维生素C、钙、铁、锌等。幼儿食用西蓝花，有促进身体发育、补钙等作用。

妈妈喂养经

西红柿富含维生素A、B族维生素、维生素C和钙、铁、锌等营养元素，能为幼儿的生长发育提供全面、充足的营养，有增强免疫力的作用。

西红柿米汤

◀ 原料：

西红柿90克，大米50克

◀ 调料：

白糖4克

◀ 做法：

1.汤锅中注清水烧开，放入西红柿煮约2分钟至断生，捞出；去皮，切小丁块。

2.取榨汁机，倒入西红柿，选择"搅拌"功能，榨出西红柿汁，倒出待用。

3.汤锅中注清水烧开，倒入大米，小火煮约20分钟；关火后倒出米汤，待用。

4.另起汤锅烧热，倒入米汤；再放入西红柿汁，用小火煮片刻至沸腾；再调入白糖，续煮片刻至白糖溶化。

5.关火后盛出，放在小碗中即成。

妈妈喂养经

黄花菜含有卵磷脂，能增强和改善儿童大脑功能，提高记忆力；搭配菌菇及瘦肉食用，还能促进幼儿的消化和吸收，故本品适宜宝宝食用。

黄花菜健脑汤

◀ 原料：

水发黄花菜80克，鲜香菇40克，金针菇90克，瘦肉100克，葱花少许

◀ 调料：

盐3克，鸡粉3克，水淀粉、食用油各适量

◀ 做法：

1.鲜香菇、瘦肉切成片，黄花菜切去花蒂，金针菇切去老茎。

2.肉片装入碟中，加1克盐、1克鸡粉、水淀粉，抓匀；注入食用油，腌渍10分钟。

3.锅中注清水烧开，倒入食用油；放入香菇、黄花菜、金针菇。

4.加入2克盐、2克鸡粉，拌匀，用大火加热煮至沸，倒入瘦肉，煮约1分钟至熟。

5.将汤盛出，装碗，撒上葱花即成。

山药冬瓜汤

推荐食谱

妈妈喂养经

山药与冬瓜都能促进消化和吸收，且山药中的蛋白质形成的酵素系统，还能提高宝宝免疫力；冬瓜中的胡萝卜素能促进幼儿生长发育。

❶原料：

山药100克，冬瓜200克，姜片、葱段各少许

❶调料：

盐2克，鸡粉2克，食用油适量

❶做法：

1.将洗净去皮的山药切厚块，改切成片。

2.洗好去皮的冬瓜切成片。

3.用油起锅，放入姜片，爆香；倒入切好的冬瓜，拌炒匀。

4.注入适量清水，放入山药。

5.盖上盖，烧开后用小火煮15分钟至食材熟透。

6.揭盖，放入盐、鸡粉，拌匀调味。

7.将锅中汤盛出，装碗放入葱段即可。

白玉菇花蛤汤

推荐食谱

妈妈喂养经

此道膳食中的脂肪含量低，不饱和脂肪酸含量较高，易被人体消化吸收，还含有多种人体所需的营养成分，儿童常食可提高机体免疫力。

❶原料：

白玉菇90克，花蛤260克，荷兰豆70克，胡萝卜40克，姜片、葱花各少许

❶调料：

盐2克，鸡粉2克，食用油适量

❶做法：

1.白玉菇切段，胡萝卜去皮切成片；将花蛤逐一切开，放入碗中，洗干净。

2.锅中注入适量清水烧开，放入姜片；倒入花蛤，加入切好的白玉菇，搅拌匀。

3.盖上盖，煮2分钟至熟；揭开盖子，放入盐、鸡粉，淋入适量食用油。

4.加入胡萝卜片，倒入洗净的荷兰豆。

5.搅匀，煮1分钟，至食材熟软；关火后盛出，装入汤碗中，撒上葱花即可。

花样百出做主食

推荐食谱

妈妈喂养经

此道膳食有促进骨骼生长、增进食欲的作用，非常适合宝宝食用。

鸡肉布丁饭

原料：

鸡胸肉40克，胡萝卜30克，鸡蛋1个，芹菜20克，牛奶100毫升，软饭150克

做法：

1.鸡蛋打入碗中，调匀；洗好的胡萝卜、芹菜、鸡胸肉切成粒。

2.将米饭倒入碗中，倒入牛奶、蛋液，放入鸡肉丁、胡萝卜、芹菜，搅拌匀。

3.将拌好的食材装入碗中放在烧开的蒸锅中，中火蒸10分钟至熟；把蒸好的米饭取出；待稍微冷却后即可食用。

推荐食谱

妈妈喂养经

猪肝能滋补强身；同时，还含有丰富的铁、磷、卵磷脂，有利于幼儿的智力和身体发育；搭配蔬菜，营养全面且易消化吸收，适合幼儿食用。

什锦煨饭

原料：

鸡蛋1个，土豆、胡萝卜各35克，青豆40克，猪肝40克，米饭150克，葱花少许

调料：

盐2克，鸡粉少许，食用油适量

做法：

1.去皮胡萝卜切成粒，去皮土豆切成丁，猪肝剁成细末；鸡蛋制成蛋液，备用。

2.用油起锅，倒猪肝、土豆、胡萝卜，炒匀；注清水略搅，放盐、鸡粉，再下青豆。

3.小火焖煮约8分钟至熟软；搅动几下，再倒入米饭，炒匀，中火煮至汤汁沸腾。

4.淋入备好的蛋液，翻炒至蛋液熟透，撒上葱花，炒出葱香味。

5.关火后盛出米饭，放在碗中即成。

培根炒软饭

原料：
培根45克，鲜香菇25克，彩椒70克，米饭160克，葱花少许

调料：
盐少许，生抽2毫升，食用油适量

做法：
1.香菇、彩椒切成丁，培根切成粒。
2.锅中注清水烧开，放香菇，加食用油。
3.倒入彩椒，煮半分钟至断生，捞出。
4.用油起锅，放入培根，炒香；下入香菇和彩椒，翻炒匀。
5.倒入米饭，翻炒匀至散出香味，加入生抽、盐，炒匀调味；放入葱花，炒匀。
6.关火后将炒好的米饭盛出，装入备好的碗中即可。

妈妈喂养经

培根含有较多的磷、钾、钠等营养成分，具有健脾、开胃、消食等作用。烹饪好的培根入口即酥，搭配香菇，香味诱人，适合作为开胃食品给婴幼儿喂食。

金瓜杂粮饭

原料：
水发薏米100克，水发小米100克，燕麦70克，水发大米90克，葡萄干20克，金瓜盅一个

做法：
1.取一个大碗，倒入水发好的大米。
2.放入洗好的燕麦；再放入葡萄干、薏米；加入小米，搅拌均匀。
3.把拌好的杂粮放入金瓜盅内，倒入适量清水。
4.把金瓜盅放入盘中，转入烧开的蒸锅中，再放入盅盖。
5.盖上盖，用小火煮30分钟至食材熟透。
6.揭盖，把杂粮盅盖和金瓜盅取出，即可食用。

妈妈喂养经

南瓜含有丰富的矿物质及人体必需的氨基酸，可增强幼儿免疫力；与燕麦片同食，可补充幼儿身体发育所需营养，有健脑益智的作用。

推荐食谱

妈妈喂养经

洋葱含有粗纤维、矿物质、柠檬酸盐和氨基酸，能较好地调节神经、增强记忆力，搭配青豆同食，还能刺激食欲、帮助消化，幼儿可常食。

火腿青豆焖饭

原料：

火腿45克，青豆40克，洋葱20克，高汤200毫升，软饭180克

调料：

盐少许，食用油适量

做法：

1.将火腿切成粒，洋葱洗净切成粒。

2.锅中注入适量清水烧开，倒入洗净的青豆，煮3分钟至熟，把青豆捞出，备用。

3.用油起锅，倒入洋葱，炒匀。

4.加入火腿粒，炒出香味后，再放入煮好的青豆。

5.倒入高汤，放入软饭，加少许盐，快速拌炒均匀。

6.将锅中材料盛出装碗即可。

推荐食谱

妈妈喂养经

莴笋含有较多的氟元素，可促进儿童牙齿和骨骼的生长发育。玉米含有蛋白质、胡萝卜素、维生素E等，儿童常食玉米有开胃益智的功效。

五彩果醋蛋饭

原料：

莴笋80克，圣女果70克，鲜玉米粒65克，鸡蛋1个，米饭200克，葱花少许

调料：

盐4克，凉拌醋25毫升，冰糖30克，食用油适量

做法：

1.莴笋切丁，圣女果切两半，鸡蛋打散。

2.锅中注清水烧开，加2克盐、食用油，放玉米粒、莴笋，煮1分钟，捞出备用；锅中注清水，加冰糖、醋、2克盐，调成味汁，盛出。

3.用油起锅，倒入蛋液，炒熟，盛出。

4.锅底留油，倒入米饭、玉米粒、莴笋、鸡蛋、圣女果、味汁，快速翻炒至入味。

5.米饭盛出，装盘，再放上葱花即成。

推荐食谱

妈妈喂养经

南瓜拌饭

原料：

南瓜90克，芥菜叶60克，水发大米150克

调料：

盐少许

做法：

1.去皮南瓜切成粒，芥菜切丝，切成粒。

2.大米倒碗中，加清水；南瓜放碗中。

3.分别将装有大米、南瓜的碗放入烧开的蒸锅中，用中火蒸20分钟至食材熟透，取出待用。

4.汤锅中注入适量清水烧开，放入芥菜，煮沸。

5.放入蒸好的南瓜、大米饭搅拌均匀，往锅中加入适量盐，用锅勺拌匀调味。

6.将煮好的食材盛出，装入碗中即成。

南瓜含有丰富的锌，能参与人体内核酸、蛋白质的合成，是人体生长发育的重要物质。它还含有钙、钾、磷、镁等成分，营养十分丰富。

推荐食谱

妈妈喂养经

芽菜肉丝面

原料：

芽菜20克，绿豆芽25克，瘦肉50克，红椒丝10克，面条60克，芹菜30克

调料：

盐3克，鸡粉2克，水淀粉6毫升，食用油适量

做法：

1.芹菜切圈；瘦肉切细丝；面条折小段。

2.肉丝放碗中，加1克盐、1克鸡粉，淋水淀粉，拌匀；再注食用油，腌渍约10分钟。

3.锅中注清水烧开，放食用油，倒入面条；调2克盐、1克鸡粉，轻搅，使面条散开。

4.待面汤沸腾后倒入芽菜，撒上绿豆芽，再下入肉丝，拌匀，续煮约3分钟。

5.放芹菜，盛出，放上红椒丝即成。

芹菜具有平肝清热、清肠利便、润肺止咳的功效。此外，青菜搭配绿豆芽，能起到清热解毒的作用，适合天气炎热、干燥时给宝宝降火。

营养爽口的菜品

推荐食谱

妈妈喂养经

此道菜品有增强体力、消暑利尿、化痰止咳的功效，儿童可常食。

冬瓜蒸鸡

◐ 原料：

鸡肉块300克，冬瓜200克，姜片、葱花各少许

◐ 调料：

盐2克，鸡粉2克，生粉、生抽、料酒各适量

◐ 做法：

1.冬瓜洗净、去皮，切成小块；洗好的鸡块装入碗中，放入姜片，加盐、鸡粉、生抽、料酒、生粉，抓匀。

2.将冬瓜装入盘中，铺上鸡肉块后放入烧开的蒸锅中，用中火蒸15分钟，至食材熟透；取出，再撒上葱花即成。

推荐食谱

妈妈喂养经

牛肉是高蛋白、低脂肪食物,富含肉毒碱和肌氨酸，可作用于宝宝生长发育；西红柿含有天然的果胶，和牛肉搭配食用，是一道不错的美食。

西红柿烧牛肉

◐ 原料：

西红柿90克，牛肉100克，姜片、蒜片、葱花各少许

◐ 调料：

盐、鸡粉、食粉各少许，白糖2克，番茄汁15毫升，料酒、水淀粉、食用油各适量

◐ 做法：

1.西红柿切成小块，洗好的牛肉切成片。

2.牛肉片中，加食粉、盐、鸡粉，拌匀，倒入水淀粉、食用油，腌渍10分钟。

3.用油起锅，下入姜片、蒜片，爆香；倒入牛肉片，翻炒；淋入料酒，下入西红柿，翻炒；加清水、盐、白糖，拌匀。

4.用中火焖3分钟至熟；放番茄汁；翻炒。

5.关火盛出，装入碗中，放入葱花即可。

推荐食谱

妈妈喂养经

鹌鹑蛋含优质蛋白，易被人体吸收，适合体质虚弱、营养不良、处于生长发育期的幼儿食用。板栗与鹌鹑蛋蛋黄都不易吞咽，喂食时要防止噎住。

鹌鹑蛋烧板栗

◑原料:

熟鹌鹑蛋120克，胡萝卜80克，板栗肉70克，大枣15克

◑调料:

盐、鸡粉各2克，生抽5毫升，生粉15克，水淀粉、食用油各适量

◑做法:

1.熟鹌鹑蛋中，淋入生抽、生粉，拌匀。

2.胡萝卜切成滚刀块；板栗肉切成小块。

3.热锅注油，烧至四成热，下入鹌鹑蛋，炸至呈虎皮状；倒入板栗，再炸一会儿，捞出。

4.用油起锅，注清水，倒大枣、胡萝卜块、已炸好的食材，搅匀，加入盐、鸡粉。

5.小火焖15分钟至熟；转用大火炒至汤汁收浓；淋入水淀粉勾芡，关火盛出即成。

推荐食谱

妈妈喂养经

绿豆芽富含蛋白质、钙、铁、胡萝卜素、维生素等营养物质。对体质较弱的幼儿来说，此道膳食不仅能清热解毒，还有增强体质、强壮身体的作用。

五宝菜

◑原料:

绿豆芽45克，彩椒、胡萝卜各40克，小白菜、鲜香菇各35克

◑调料:

盐3克，鸡粉少许，料酒3毫升，水淀粉、食用油各适量

◑做法:

1.彩椒、香菇切粗丝，胡萝卜切细丝。

2.开水锅中，放油、1克盐、胡萝卜、香菇，焯约半分钟；下入绿豆芽，待其变软后倒入小白菜、彩椒，续煮约1分钟。

3.捞出，沥干水分，放在盘中，待用。

4.用油起锅，倒入焯好的食材，快炒，淋入料酒，加2克盐、鸡粉，炒香、炒透。

5.再倒水淀粉，炒入味；关火盛出即成。

推荐食谱

妈妈喂养经

此道膳食色彩鲜艳，口感软甜，营养十分丰富，尤其是芒果富含蛋白质、粗纤维，对补充幼儿成长所需的营养物质很有帮助。

清甜三丁

原料：

山药120克，黄瓜100克，芒果135克

调料：

盐2克，鸡粉少许，食用油适量

做法：

1.去皮山药、芒果切成丁；去皮黄瓜，去瓤，切成丁。

2.锅中注入适量清水，用大火烧开，倒入山药丁，焯约半分钟。

3.再下入切好的黄瓜，续煮约半分钟；最后倒入芒果丁，拌煮约半分钟，捞出。

4.炒锅注油，烧至三成热，转小火，倒入焯好的食材。

5.再加入盐、鸡粉，中火翻炒至入味。

6.关火后盛出，放在盘中即成。

推荐食谱

妈妈喂养经

草鱼富含蛋白质、维生素B$_1$等成分，味道嫩而不腻；搭配菠菜食用，有开胃、滋补的功效，能有效改善幼儿身体瘦弱、食欲不振等症。

菠菜拌鱼肉

原料：

菠菜70克，草鱼肉80克

调料：

盐少许，食用油适量

做法：

1.汤锅中注清水烧开；放入菠菜，煮4分钟至熟，捞出装盘备用。

2.将装有鱼肉的盘子放入烧开的蒸锅中，用大火蒸10分钟至熟。

3.把蒸熟的鱼肉取出，用刀把鱼肉压烂，剁碎；将菠菜切碎，备用。

4.用油起锅，倒入备好的鱼肉；再放入菠菜，放入少许盐。

5.拌炒均匀，炒出香味。

6.将锅中材料盛出，装入碗中即可。

推荐食谱

妈妈喂养经

　　此膳食可改善缺铁性贫血、提高身体免疫力，保持身体健康，对幼儿牙齿及骨骼生长发育有益，常吃对幼儿身体健康有利。

蒸肉豆腐

◆原料：

鸡胸肉120克，豆腐100克，鸡蛋1个，葱末少许

◆调料：

盐2克，生抽2毫升，生粉、食用油各适量

◆做法：

1.豆腐剁成泥；鸡胸肉切丁，鸡蛋打散。

2.取榨汁机，把鸡肉倒入杯中，拧紧刀座，选择"绞肉"功能，绞成肉泥。

3.把鸡肉泥倒入碗中，加入蛋液、葱末，拌匀；加1克盐、生抽、生粉，搅匀；将豆腐泥装入碗中，加1克盐，拌匀。

4.取一个碗，抹上食用油，倒入豆腐泥；加入蛋液鸡肉泥，抹平。

5.碗放蒸锅中，中火蒸10分钟，取出。

推荐食谱

妈妈喂养经

　　豆渣含有蛋白质、纤维素、多糖等营养成分，能增强宝宝免疫力；搭配肉、蛋、菠菜食用，营养丰富而全面，适合处在生长发育期的宝宝食用。

豆渣丸子

◆原料：

豆渣100克，肉末150克，菠菜70克，鸡蛋1个，面粉适量

◆调料：

盐、鸡粉各2克，生抽3毫升，芝麻油适量

◆做法：

1.锅中注清水烧开，放菠菜煮至熟软，捞出。

2.将放凉的菠菜切碎，备用；取一大碗，放入肉末，加入盐、鸡粉、生抽，拌匀。

3.倒入豆渣、菠菜，拌匀；打入鸡蛋，拌匀；放入面粉、芝麻油，拌匀。

4.将肉馅制成数个丸子，待用；把丸子放入蒸盘，放入烧开的蒸锅中。

5.盖上盖，用中火蒸约10分钟至熟；取出蒸熟的豆渣丸子即可。

推荐食谱

妈妈喂养经

生蚝含多种营养成分，儿童常食，能增强机体免疫力、促进智力发育。妈妈们需注意，肥肉只是用来增加脂肪含量的，加入少许即可，勿过量。

软炒蚝蛋

原料：

生蚝肉120克，鸡蛋2个，马蹄肉、香菇、肥肉各少许

调料：

鸡粉、盐、水淀粉、料酒、食用油各适量

做法：

1.香菇、马蹄肉、肥肉切成条后切成粒。

2.生蚝肉中加鸡粉、盐，淋料酒，拌匀。

3.鸡蛋打碗中，加鸡粉、盐、水淀粉，调匀。

4.锅中注清水烧开，放生蚝，煮1分钟，捞出。

5.另起锅，注清水烧开，加鸡粉、盐、食用油、香菇、马蹄，煮1分钟，捞出。

6.用油起锅，放入肥肉、马蹄、香菇、生蚝、料酒、盐、鸡粉，炒匀；倒入蛋液，翻炒；关火后盛出，装入盘中即可。

推荐食谱

妈妈喂养经

茭白所含的粗纤维能促进肠道蠕动，帮助儿童消化；虾米中的钙，能够促进儿童骨骼生长，对正处在长高阶段的儿童是不可多得的营养食物。

虾米炒茭白

原料：

茭白100克，虾米60克，姜片、蒜末、葱段各少许

调料：

盐2克，鸡粉2克，料酒4毫升，生抽、水淀粉、食用油各适量

做法：

1.茭白切成片，待用；用油起锅，放入姜片、蒜末、葱段，爆香。

2.倒入虾米，炒匀，淋入料酒，炒香。

3.放入茭白、盐、鸡粉，炒匀调味。

4.倒入清水，翻炒；加生抽，拌炒匀。

5.倒入适量水淀粉，将锅中食材快速拌炒均匀。

6.将炒好的材料盛出，装入盘中即成。

芥蓝腰果炒香菇

推荐食谱

妈妈喂养经

　　芥蓝味道鲜美，营养丰富，而腰果含有丰富的钙，香菇含有丰富的香菇多糖，儿童食用此道膳食，有清心明目、提高抗病能力的效果。

❶原料：

芥蓝130克，鲜香菇55克，腰果50克，红椒25克，姜片、蒜末、葱段各少许

❶调料：

盐、鸡粉、白糖、料酒、水淀粉、食用油各适量

❶做法：

1.香菇切粗丝，红椒切圈，芥蓝切小段。
2.锅中注清水烧开，放入食用油、盐；依次放入芥蓝段、香菇，各自焯半分钟。
3.热锅注油，烧至三成热，放腰果，炸约1分钟，捞出；用油起锅，放姜片、蒜末、葱段、焯好的食材、料酒、鸡粉、盐、白糖，翻炒，再放红椒圈。
4.炒至食材熟透，倒入水淀粉勾芡，倒入腰果，翻炒均匀；关火后盛出即可。

清蒸鱼饼

推荐食谱

妈妈喂养经

　　鱼肉含有叶酸、维生素A、B族维生素、维生素D、钙、磷、铁等营养成分，且清蒸鱼肉软嫩、鲜香味美，可帮助宝宝提高机体的抵抗力。

❶原料：

鱼肉泥300克，鸡蛋1个，姜末少许

❶调料：

盐3克，鸡粉2克，胡椒粉2克，食用油少许

❶做法：

1.鸡蛋打开，把蛋清倒入碗中，待用。
2.鱼肉泥装入碗中，撒上姜末，加入盐、鸡粉。
3.撒上胡椒粉，拌匀；倒入蛋清，搅拌均匀。
4.取一个蒸盘，抹上食用油，倒入拌好的鱼肉泥，摊开铺匀，制成鱼肉饼，待用。
5.蒸锅置于火上烧开，放入蒸盘。
6.盖上盖，用中火蒸约15分钟至熟；揭盖，取出蒸盘，待稍微放凉后即可食用。

爱心满满小餐点

推荐食谱

妈妈喂养经

火龙果含有蛋白质、维生素等营养成分，能预防便秘、改善视力。

火龙果酸奶

原料：
火龙果180克，酸奶150毫升

调料：
蜂蜜少许

做法：
1.火龙果去皮取果肉，切小块，放入玻璃杯中。
2.杯中加入少许蜂蜜，拌匀，将果肉压成泥状。
3.倒入备好的酸奶，拌匀即可。

推荐食谱

妈妈喂养经

鸡蛋含有多种维生素和氨基酸，而且比例与人体很接近，还含有丰富的铁元素，搭配含钙丰富的牛奶食用，是婴幼儿的滋补佳品。

奶味软饼

原料：
鸡蛋1个，牛奶150毫升，面粉100克，黄豆粉80克

调料：
盐少许，食用油适量

做法：
1.锅中注清水烧热，倒入牛奶、盐、黄豆粉，搅至糊状；鸡蛋搅散，制成鸡蛋糊。
2.将面粉倒入大碗中；放入鸡蛋糊，制成面糊；注入清水，搅匀，静置待用。
3.平底锅烧热，注入适量食用油；取少许面糊，放入平底锅中，压平，煎片刻。
4.再倒入少许面糊，制成饼状；翻动面饼，煎香，煎约1分钟至两面熟透；依次将剩余面糊煎成面饼。
5.关火，将煎好的软饼盛出，装盘即成。

水果魔方

◆原料:

西瓜700克，火龙果200克，猕猴桃170克，樱桃40克，鲜薄荷叶少许

◆做法:

1.将洗净的猕猴桃去皮，切成长方块。

2.洗好的火龙果去皮，把果肉切成小方块，备用。

3.西瓜取果肉，切成小方块，备用。

4.取一个水果盘，摆入切好的水果，呈魔方的形状。

5.最后点缀上洗净的樱桃、鲜薄荷叶，即可食用。

推荐食谱

妈妈喂养经

　　水果魔方建议妈妈们常做，不仅因为其简单易操作，还因为其搭配的水果可多样，营养补充全面，鲜艳的色彩能激发宝宝的食欲，让宝宝爱上水果。

糯米葫芦宝

◆原料:

糯米粉85克，土豆100克，鸡蛋1个，豆沙45克，面包糠140克，葱条10克

◆调料:

白糖10克，食用油适量

◆做法:

1.去皮土豆切小块；鸡蛋取蛋黄，制成蛋液。

2.蒸锅注清水烧开，放入装有土豆块的蒸盘，中火蒸约15分钟至熟软，取出。

3.锅中注清水烧开，放入葱条焯一下，捞出。

4.糯米粉中加白糖、土豆，制成土豆面团；面团中放豆沙，捏成葫芦状，制成饼坯。

5.饼坯蘸上蛋液，滚上面包糠，定型；锅中注油，烧至四成热，放饼坯炸约1分钟。

6.关火后捞出，系上葱条，摆好盘即成。

推荐食谱

妈妈喂养经

　　土豆含有木质素，能健脾和胃、益气调中，对小儿脾胃虚弱、消化不良等症状有食疗效果；搭配鸡蛋，能够补充人体所需氨基酸，对幼儿生长发育有益。

面包布丁

◆原料:

面包片30克，鸡蛋1个，牛奶100毫升

◆调料:

白糖4克

◆做法:

1.鸡蛋打入碗中，打散，调匀，面包片切条，再切成丁。

2.取一个干净的碗，倒入蛋液；再倒入牛奶，搅拌均匀。

3.放入白糖，搅拌至白糖完全溶化。

4.把蛋液倒入一个小碗中，放入面包丁。

5.把加工好的蛋液放入烧开的蒸锅中。

6.盖上盖子，用小火蒸8分钟。

7.关火，把做好的面包布丁取出，冷却后即可食用。

妈妈喂养经

牛奶的营养价值很高，搭配鸡蛋食用，能够补充人体必需的8种氨基酸，且牛奶是人体钙的优质来源，有助于幼儿牙齿和骨骼的生长。

水果蔬菜布丁

◆原料:

香蕉1根，苹果80克，土豆90克，鸡蛋1个，配方奶粉10克

◆做法:

1.去皮土豆切片，苹果去核，剁碎，香蕉剁成泥。

2.鸡蛋打入碗中，取蛋黄；奶粉中加清水，调匀。

3.蒸锅置旺火上烧开，放入土豆，用中火蒸5分钟至土豆熟软，取出。

4.土豆剁成泥，其中加入香蕉泥，搅拌匀；加入调好的配方奶，搅匀。

5.加入蛋黄、苹果粒；把材料倒入另一个碗中，放入蒸锅中，中火蒸7分钟。

6.把蒸好的水果蔬菜布丁取出即可。

妈妈喂养经

这道辅食含有丰富的蛋白质、钙、铁、锌、维生素C等多种营养素；其中的香蕉还有"智慧之果"的美称。幼儿食用此布丁有益智的作用。

推荐食谱

妈妈喂养经

可可粉含有维生素A、B族维生素及多种具有生物活性功能的生物碱,有健胃、增强免疫力等功效,适合幼儿作为零食适量食用。

可可松饼

◑原料:

纯牛奶200毫升,细砂糖75克,低筋面粉180克,泡打粉、盐、蛋白、蛋黄、熔化的黄奶油、糖粉各适量,可可粉10克

◑做法:

1.将蛋黄、低筋面粉、泡打粉、细砂糖、纯牛奶倒入容器中,用搅拌器快速拌匀。

2.加入熔化的黄奶油,搅匀;另取容器,倒入蛋白,打发;蛋白倒入盛蛋黄的容器中,搅匀。

3.放可可粉,拌匀,冷藏30分钟后取出。

4.将华夫炉温度调成170℃,在华夫炉上涂黄奶油,倒入材料,烤至材料起泡。

5.烤1分钟至其熟透;取出,撒上糖粉即可。

推荐食谱

妈妈喂养经

鸡胸肉含有蛋白质、不饱和脂肪酸、钙、磷、铁、镁、钾等营养元素,而且消化率高,很容易被人体吸收利用,幼儿常食能增强机体免疫力。

鸡米花

◑原料:

鸡胸肉100克,鸡蛋1个,柠檬1个,面包糠100克

◑调料:

盐、鸡粉各少许,生粉35克,食用油适量

◑做法:

1.鸡胸肉切成片,柠檬切开,挤出柠檬汁,装入碗中。

2.鸡蛋打开,取蛋黄,搅散成蛋液。

3.鸡肉中加盐、鸡粉,拌匀;淋柠檬汁、蛋液,拌匀,加生粉,将鸡胸肉裹匀。

4.将鸡肉片两面均匀地裹上面包糠。

5.热锅注油,烧至五成热,放入处理好的鸡肉片,炸约1分钟,至其熟透。

6.捞出鸡肉片,沥干油;装入盘中即可。

红豆山药盒

◑ 原料:

面包糠400克,山药350克,豆沙70克,鸡蛋1个,生粉30克,面粉适量

◑ 调料:

食用油适量

◑ 做法:

1.鸡蛋搅散,再撒面粉,制成蛋糊;山药切薄片;开水锅中放山药片,煮半分钟至断生,捞出,再浸泡5分钟,去涩味。

2.案板上撒上面粉,放上部分山药片,均匀地撒上生粉,将豆沙放在山药片上,再盖上余下的山药片,裹上面粉,制成盒子。

3.山药盒子依次滚上蛋糊、面包糠,制成红豆山药盒生坯;热锅注油,烧至四成热;放生坯,炸至熟透,捞出,放盘中即可。

妈妈喂养经

鸡蛋的氨基酸组成比例与人体很接近,是宝宝补充氨基酸的良好来源;山药中的蛋白质形成酵素系统,能提高宝宝免疫力,是成长期宝宝的理想辅食。

海绵蛋糕

◑ 原料:

鸡蛋4个,低筋面粉120克,细砂糖112克,清水50毫升,色拉油37毫升,蛋糕油10克

◑ 工具:

电动搅拌器、擀面杖、裱花袋、刮板各1个,蛋糕刀、剪刀各1把

◑ 做法:

1.用电动搅拌器将2个鸡蛋、细砂糖、清水、低筋面粉、蛋糕油、色拉油制成面糊。

2.取烤盘,铺白纸,倒面糊,用刮板将面糊抹匀;剩余鸡蛋2个打散拌匀,倒入裱花袋中,尖端剪开。

3.在面糊上淋上蛋黄液;用烤箱烤熟取出。

4.蛋糕反铺在白纸上,用蛋糕刀沿对角线切开,即可。

妈妈喂养经

妈妈亲手制作的小蛋糕,美味可口,干净营养,且食品添加剂少,完全可以放心给宝宝食用,这款制作简单的蛋糕,是妈妈给幼儿添加零食的理想选择。

PART 4

特效功能餐，
宝宝赢在起跑线上

　　妈妈都希望宝宝能够成长得更健康、更聪明，那么要怎么吃才能让宝宝吃饭香香、长得高高、身体棒棒呢？本章节将为妈妈们介绍多种具有特效功能的营养食谱，妈妈只需花上一点小心思，即可做出"底气十足"的营养餐，在宝宝嚼出多彩滋味的同时，让喂养变得轻松而有效。下面就来认识一下这些"神奇"的特效功能营养餐吧！

补维生素食谱

保护宝宝的健康小卫士！

维生素既不参与构成人体细胞，也不为人体提供能量，但是在人体生长、代谢、发育过程中发挥着重要的作用，且是必须从食物中才能获得的一类微量有机物质。处于生长发育期的宝宝需供给足够的维生素，否则会造成机体代谢异常。

维生素A

维生素A可促进牙齿、骨骼的正常生长，保护皮肤和黏膜，调适机体适应外界光线的强弱。缺乏维生素A的宝宝会皮肤干涩，头发干枯、缺乏光泽，眼睛结膜与角膜发生病变，轻者眼干、畏光、夜盲，严重者黑眼仁混浊，甚至失明。

维生素D

维生素D可提高机体对钙、磷的吸收，使血浆钙和血浆磷的水平达到饱和，还能促进骨骼钙化，维持血液中柠檬酸盐的正常。缺乏维生素D会导致小儿患佝偻病，病症因月龄和活动情况而不同，5~6个月会出现肋骨串珠、鸡胸等，6个月会出现乒乓头，1岁左右宝宝出现O形腿和X形腿。

维生素E

维生素E是一种具有抗氧化功能的维生素，其能促进蛋白质的合成，调节血小板的黏附力和抑制血小板的聚集。缺乏维生素E的宝宝会出现皮肤干燥、缺少光泽、容易脱屑以及生长发育迟缓等。食物中的维生素E来源有：各种植物油（麦胚油、棉籽油、玉米油和芝麻油）、谷物的胚芽、奶类、玉米、蛋等。

维生素B$_1$

维生素B$_1$的生理功能主要是刺激胃蠕动，促进食物排空，有助于增强食欲，且能营养神经、维护心肌功能和消除疲劳。宝宝缺少它会得脚气病、神经性皮炎等。它广泛存在于谷物的胚糠麸、酵母、豆类和芹菜叶等食物中。

维生素C

维生素C对宝宝的生长发育有许多重要功能，若宝宝因某些原因缺乏维生素C，则会引发坏血病，主要表现在皮下出血、鼻出血等。维生素C广泛存在于新鲜蔬果中，如绿色蔬菜、鲜枣、西红柿、豆芽、猕猴桃等。

青菜面糊

功能食谱

妈妈喂养经

生菜的含水量很高，营养非常丰富，富含B族维生素、维生素C、维生素E等，常吃生菜，对于婴幼儿的消化系统大有裨益，面粉还能为宝宝提供所需的能量。

◖原料：

生菜120克，面粉90克

◖调料：

盐少许

◖做法：

1.汤锅中注入清水烧开，将生菜煮至断生，捞出，切碎，待用。

2.选择榨汁机的搅拌刀座组合，放入生菜，选择"搅拌"功能，榨取生菜汁。

3.把面粉放入碗中，倒入生菜汁，拌匀，加入少许盐，搅拌成面糊。

4.汤锅中注入适量清水，烧热，倒入拌好的面糊。

5.用勺子持续搅拌，用小火煮熟。

6.将煮好的熟面糊盛出，装入碗中即成。

西红柿炒口蘑

功能食谱

妈妈喂养经

本品颜色鲜艳，能刺激宝宝的食欲。口蘑、西红柿都是含维生素丰富的食材，对宝宝的生长发育非常有益，有利于促进宝宝的血液循环和增强其免疫力。

◖原料：

西红柿120克，口蘑90克，姜片、蒜末、葱段各适量

◖调料：

盐4克，鸡粉2克，水淀粉、食用油各适量

◖做法：

1.口蘑切片，西红柿去蒂，切小块。

2.开水锅中放入2克盐，倒入切好的口蘑，焯1分钟至熟。

3.把焯好的口蘑捞出。

4.用油起锅，放入姜片、蒜末，爆香。

5.倒入口蘑，炒匀，加入西红柿，炒匀。

6.放入2克盐、鸡粉，炒匀调味，倒入水淀粉，勾芡。

7.盛出装盘，放上葱段即可。

功能食谱

妈妈喂养经

西蓝花含有维生素C、胡萝卜素等营养成分,具有提高宝宝免疫功能、促进生长发育等功效,胡萝卜素的摄入还可起到保护视力的作用,有效预防近视。

虾仁西蓝花

◑原料:

西蓝花230克,虾仁6克

◑调料:

盐、鸡粉、水淀粉各少许,食用油适量

◑做法:

1.开水锅中加食用油、盐,倒入洗净的西蓝花,拌匀,煮1分钟,捞出,沥干。

2.放凉的西蓝花切掉根部,取菜花部分,虾仁切小段。

3.把西蓝花装入碗中,加盐、鸡粉、水淀粉,拌匀,腌渍10分钟;炒锅注油烧热,注入适量清水,加少许盐、鸡粉。

4.倒入腌渍好的虾仁,拌匀,煮至虾身卷起并呈现淡红色;盘中摆上西蓝花,盛入锅中的虾仁即可。

功能食谱

妈妈喂养经

芥菜含有维生素A、B族维生素、维生素C等,黄豆含有丰富的优质蛋白。宝宝食用此粥,还有抗感染、预防疾病发生、抑制细菌毒素毒性等功效。

芥菜黄豆粥

◑原料:

水发黄豆100克,芥菜50克,水发大米80克

◑调料:

盐2克,鸡粉、芝麻油各少许

◑做法:

1.洗净的芥菜切成碎末,备用。

2.砂锅中注入适量清水烧开,倒入洗好的黄豆、大米,搅拌均匀。

3.用小火煲煮约40分钟至食材熟透。

4.揭盖,用勺搅匀。

5.倒入切好的芥菜,拌煮至软。

6.放入盐、鸡粉、芝麻油,搅拌片刻,煮至入味。

7.关火后盛出煮好的粥即可。

功能食谱

妈妈喂养经

鳝鱼营养丰富，韭菜和彩椒富含维生素C，能有效预防维生素C缺乏症。由于宝宝的消化系统发育尚不完全，烹饪时应做到熟软。

韭菜炒鳝丝

原料：

鳝鱼肉230克，韭菜180克，彩椒40克

调料：

盐3克，鸡粉2克，料酒6毫升，生抽7毫升，水淀粉、食用油各适量

做法：

1.韭菜切段，彩椒切粗丝，鳝鱼肉切丝。

2.把鳝鱼丝装入碗中，加1克盐、3毫升料酒，拌匀上浆，腌渍约15分钟。

3.用油起锅，倒入腌渍好的鳝鱼丝，炒匀、炒香；淋入3毫升料酒，炒匀提味，倒入生抽，炒匀。

4.放入彩椒丝、韭菜段，炒匀；加2克盐、鸡粉、水淀粉，炒匀，至食材熟软。

5.盛出炒好的菜肴，装盘即成。

功能食谱

妈妈喂养经

草鱼营养价值较高，富含蛋白质和氨基酸，可补中益气、开胃消食，上海青含维生素C丰富。宝宝食用此粥，还有促进骨骼发育、增强关节韧带韧性的作用。

鱼肉菜粥

原料：

水发大米85克，草鱼肉60克，上海青50克

调料：

盐少许，生抽2毫升，食用油适量

做法：

1.上海青剁成末，草鱼肉切成肉丁，将肉丁绞成细末，制成鱼肉泥。

2.用油起锅，倒入鱼肉泥，炒至松散。

3.淋入生抽，调入盐，翻炒至入味，盛出炒好的鱼肉泥。

4.汤锅中注清水烧开，放入洗净的大米，大火煮沸后转小火煮约30分钟。

5.倒入炒熟的鱼肉泥，搅匀，再放入切好的上海青；搅拌，续煮片刻，盛出煮好的鱼肉粥，装碗即成。

开胃食谱

吃饭香，身体棒！

宝宝食欲不振会直接影响食物的摄取量，进而影响生长发育，不利于宝宝各方面能力的提高。宝宝消化功能较弱、饮食习惯不好以及食物的外观和口感都是导致宝宝胃口不好的直接原因。那么，如何让宝宝吃好，成为每一个妈妈关心的问题。

如何开胃

★补充微量元素。前面已经提到，宝宝缺锌和铁等微量元素，都会出现厌食、偏食、胃口不好的现象。如何改善，则需宝宝得到医院的微量元素缺乏的确诊以后，进行适当的补充。随着锌和铁的逐渐补充，食欲也会大为改善。

★变换食物搭配。妈妈们可以通过改变食物的形状和颜色来增强宝宝的食欲。如将食物做成有趣的动漫形象，食物也尽量选用红、绿、黄等鲜艳颜色的来搭配，还可以选用形状可爱的饭碗、小叉和小勺。

★注意烹调方式。考虑到宝宝的消化系统发育还不够完善，食物宜以蒸、煮、炖等烹调方式为主。不吃肉块，可将其做成肉泥，添加到粥或饭里。不吃青菜或水果，可将青菜或水果榨成汁，直接当饮品食用或添加到其他食物中。不吃鸡蛋，则可做成蛋羹。

★食物多样。选择不同种类的食物搭配食用，是增加食欲的有效手段。妈妈们可在谷物类、蔬菜类、水果类、肉类、蛋类、浆乳类、海产品类、焙烤类和坚果类食材中自由选择，尽量做到三餐不重样。

★纠正不良饮食习惯。建立规律的饮食习惯，做到每天按时就餐，宝宝与家庭成员同时进餐。此外，还应控制好就餐时间，一般不超过30分钟。杜绝宝宝吃饭的时候吃零食的行为。妈妈们还应注意，对哺乳期的宝宝，不要在其不愿吃的时候硬喂。

★保持轻松愉悦的就餐环境。妈妈们应让宝宝知道吃饭是件很享受的事，不要采取哄骗、恐吓等手段强迫小孩进餐，且不能在吃饭的时候批评教训小孩，这些都会影响食欲。

开胃食材

生活中具有开胃消食作用的食材有很多，如小麦、玉米、黄豆、薏米、莴笋、红豆、芒果、胡萝卜、山药、南瓜、香菇、香蕉、冬瓜、芋头、芝麻、荞麦等。此外，还有部分中药材也适合宝宝食用，如山楂、陈皮、玫瑰花、大枣等。

功能食谱

妈妈喂养经

山楂含有蛋白质、柠檬酸、苹果酸等营养成分，能促进宝宝的食欲、帮助消化，是开胃消食的佳品，且搭配大米煮粥，还有较好的滋补作用。

山楂白糖粥

❶原料：

水发大米120克，干山楂25克

❶调料：

白糖4克

❶做法：

1.砂锅中注入适量清水，用大火烧热。

2.倒入备好的山楂干、大米，搅拌均匀。

3.盖上锅盖，烧开后用小火煮约40分钟至食材熟软。

4.揭开锅盖，加入白糖。

5.搅拌片刻，煮至白糖溶化。

6.关火后盛出煮好的粥，装入碗中即可。

功能食谱

妈妈喂养经

陈皮中的酸性物质能较好地促进脂类物质的消化，是宝宝开胃的良品。此外，牛肉含有优质蛋白，且氨基酸比例接近宝宝需求，食用后能提高机体抗病能力。

陈皮豆角炒牛肉

❶原料：

陈皮10克，豆角180克，红椒35克，牛肉200克，姜片、蒜末、葱段各少许

❶调料：

盐3克，鸡粉2克，料酒3毫升，生抽4毫升，水淀粉、食用油各适量

❶做法：

1.豆角切小段，红椒、陈皮切细丝；牛肉切片，加陈皮丝、2毫升生抽、1克盐、1克鸡粉、水淀粉，拌匀；加食用油，腌渍片刻。

2.开水锅中放入食用油、1克盐、豆角，焯约1分钟，捞出，沥干；用油起锅，放姜、蒜、葱、红椒丝，倒入腌好的牛肉，炒至松散。

3.淋入料酒，倒入豆角，炒至熟透；加1克鸡粉、1克盐、2毫升生抽，加水淀粉勾芡，炒匀，装盘。

功能食谱

妈妈喂养经

山药含有氨基酸、淀粉酶、多酚氧化酶、黏液质等营养物质，有利于增强宝宝的脾胃消化吸收功能，而芝麻中的不饱和脂肪酸能益智健脑。

山药芝麻糊

● 原料：

水发大米120克，山药75克，水发糯米90克，黑芝麻30克，牛奶85毫升

● 做法：

1.将锅烧热，关火后倒入黑芝麻，快速炒香，盛出炒好的黑芝麻，碾成细末。

2.去皮的山药切成粒，待用。

3.汤锅中注入适量清水烧开，倒入备好的大米、糯米，烧开后用小火煮30分钟。

4.倒入切好的山药、黑芝麻，拌匀。

5.小火煮15分钟，倒入牛奶，拌匀。

6.中火煮沸，盛出煮好的芝麻糊，装入备好的碗中即可。

功能食谱

妈妈喂养经

大枣、桂圆含有蛋白质、多种维生素和微量元素，能促进宝宝生长发育。此羹易于消化，还能提供较多的能量，对改善宝宝的脾胃功能也相对有益。

桂圆大枣藕粉羹

● 原料：

水发糯米60克，藕粉55克，大枣、桂圆肉各少许

● 调料：

冰糖30克

● 做法：

1.把藕粉装入碗中，加少许清水，搅匀。

2.砂锅中注清水烧热，倒入桂圆肉、大枣、糯米，搅匀。

3.盖上锅盖，烧开后用小火煮约35分钟至其熟软。

4.揭开盖，倒入冰糖，搅匀，煮至溶化。

5.倒入备好的藕粉，快速搅匀，使汤汁更浓稠。

6.盛出煮好的藕粉羹，装入碗中即可。

功能食谱

妈妈喂养经

本品富含维生素和矿物质，具有暖胃、养血等功效，能促进宝宝的脾胃发育。妈妈在烹调本品时，应以清淡少调料为宜，以更好地保护宝宝的消化功能。

菠菜芋头豆腐汤

原料：

芋头120克，豆腐180克，菠菜叶少许

调料：

盐2克

做法：

1.洗净的豆腐切片，再切条形，改切成小方块。

2.洗好的芋头切片，再切条形，改切成丁，备用。

3.锅中注入适量清水烧开，倒入切好的芋头、豆腐。

4.搅拌匀，用中火略煮。

5.加盐，拌匀调味。

6.放入洗净的菠菜叶。

7.拌匀，拌煮至断生，盛出豆腐汤即可。

功能食谱

妈妈喂养经

红豆较硬，最好将其泡发软烂后再进行烹煮。红豆、薏米含蛋白质、淀粉和维生素等营养物质，牛奶含钙较多，多食此汤可强化宝宝的消化功能。

红豆薏米汤

原料：

水发红豆35克，薏米20克，牛奶适量

调料：

冰糖适量

做法：

1.锅中注入适量清水烧开，倒入泡发好的红豆、薏米。

2.用勺搅拌均匀。

3.盖上盖子，烧开后用中火煮30分钟至食材软烂。

4.揭开盖子，倒入备好的冰糖，继续搅拌一会儿。

5.待冰糖完全溶化，倒入牛奶，搅匀。

6.将煮好的甜汤盛出，装入碗中，待稍微放凉后即可饮用。

助长增高食谱

孩子成长步步高！

宝宝能否长高是件让妈妈操心的大事，如果是男孩，大都希望伟岸英俊，如果是女孩，大都希望高挑苗条。但是，孩子的身高受遗传、后天营养、运动、睡眠、疾病等因素影响。想要孩子科学地增高，充足的营养和适当的运动必不可少。

如何让宝宝长高

★注重营养。身长是头、脊柱和下肢的总和，是反应骨骼或长骨生长的重要标志。当营养不能满足宝宝骨骼生长需要时，就会减慢身长增长的速度。骨细胞的增生和肌肉、脏器的发育都离不开蛋白质。人体生长发育越快，则越需要补充蛋白质，鱼、虾、瘦肉、禽蛋、花生、豆制品中都富含优质蛋白质，应注意多补充。维生素是维持生命的要素，动物肝、肾、鸡蛋特别是蔬菜中含有多种维生素、纤维素和矿物质，应多食用一些新鲜蔬菜。钙、磷是骨骼的主要成分，宝宝要多补充牛奶、虾皮、豆制品、排骨、骨头汤、海带、紫菜等含钙、磷丰富的食物。因此，从小就要注意孩子的营养是否全面。

★保证充足的睡眠。睡眠不足会影响孩子长个儿，一般初生儿每昼夜睡眠要求20小时，2~6个月，为15~18小时；6~18个月，13~15小时；18个月~3岁，12~13小时；3~7岁，11~12小时。

★参加体育运动。运动能促进血液循环，改善骨骼营养，促使骨骼生长加速、骨质致密。3~4个月前的婴儿，每天抬头数次，以促进全身活动，且随着月龄的增长，要及时培养翻身、爬、站、走等基本能力。孩子不应过久地抱着或坐着，久坐会影响下肢发育。

★疾病检查。很多疾病都会影响孩子身长的增长，应及时进行相关检查，排除疾病因素。如经过长期测量观察，孩子的身长始终低于同年龄小儿平均身长的10%以上，则称为生长迟缓；低于30%以上，则需治疗。

宝宝长高的规律

婴儿出生时：平均身长约为50厘米；出生第一年内，身高增长速度最快，平均增长20~25厘米；1~3岁：平均每年增长8~10厘米，至1岁时身高约为75厘米，2岁时约为85厘米，3岁时约为95厘米；3岁后：增长速度逐渐递减，每年增长5~7厘米。

功能食谱

妈妈喂养经

虾皮含丰富的钙质，可预防婴幼儿出现O形腿和佝偻病，丝瓜中的维生素C还能促进钙的吸收。此外，猪肝含有丰富的维生素A，可完善宝宝的造血系统。

丝瓜虾皮猪肝汤

◖ 原料：

丝瓜90克，猪肝85克，虾皮12克，姜丝、葱花各少许

◖ 调料：

盐3克，鸡粉3克，水淀粉2毫升，食用油适量

◖ 做法：

1.去皮的丝瓜切片，猪肝切片。

2.猪肝片加1克盐、1克鸡粉、水淀粉，拌匀；再淋入少许食用油，腌渍10分钟。

3.锅中注油烧热，放入姜丝，爆香，再放入虾皮，翻炒，倒入适量清水。

4.用大火煮沸，倒入丝瓜，加2克盐、2克鸡粉，拌匀后放入猪肝，搅散，用大火煮沸。

5.将汤盛出装碗，撒入葱花即可。

功能食谱

妈妈喂养经

银鱼含蛋白质较多，蛋白质是宝宝长高过程中必不可少的营养物质。此外，菠菜中铁元素的含量也很高，幼儿食用菠菜，有补铁之功效，且易被宝宝消化吸收。

菠菜小银鱼面

◖ 原料：

菠菜60克，鸡蛋1个，面条100克，水发银鱼干20克

◖ 调料：

盐2克，鸡粉少许，食用油4毫升

◖ 做法：

1.将鸡蛋打散，拌匀，制成蛋液，备用。

2.菠菜切段，再把备好的面条折成小段。

3.开水锅中，放食用油、盐、鸡粉，撒上洗净的银鱼干，煮沸后倒入面条。

4.用中小火煮约4分钟，搅拌几下，倒入切好的菠菜。

5.搅匀，煮至沸腾；倒入备好的蛋液，边倒边搅拌，使蛋液散开，煮至浮现蛋花。

6.盛出煮好的面条，装入碗中即成。

功能食谱

妈妈喂养经

马蹄、玉米和彩椒都富含维生素C，维生素C有助于钙质的吸收，可将钙固着在骨骼中，还能促进骨胶原的形成，因此，食用本品有助于婴幼儿增高助长。

马蹄玉米炒核桃

原料：
马蹄肉200克，玉米粒90克，核桃仁50克，彩椒35克，葱段少许

调料：
白糖4克，盐、鸡粉各2克，水淀粉、食用油各适量

做法：
1.马蹄肉切小块，彩椒切小块。
2.开水锅中倒入玉米粒，拌匀，焯至断生；倒入马蹄肉，加食用油，拌匀，倒入彩椒，加2克白糖，拌匀；捞出，沥干。
3.用油起锅，倒入葱段，放入焯好的食材，炒匀，放入核桃仁。
4.加盐、2克白糖、鸡粉、水淀粉，炒至食材入味；盛出炒好的菜肴即可。

功能食谱

妈妈喂养经

牛奶含有骨骼发育所必需的钙质，有助于骨骼发育，花生和核桃含有丰富的不饱和脂肪酸，有益智健脑的作用，且黄豆含有优质蛋白，适合发育期的儿童食用。

牛奶花生核桃豆浆

原料：
花生米15克，核桃仁8克，牛奶20毫升，水发黄豆50克

做法：
1.将浸泡8小时的黄豆搓洗干净，过滤，沥干。
2.将备好的花生米、黄豆、核桃仁和牛奶倒入豆浆机中，注清水至水位线。
3.盖上豆浆机机头，选择"五谷"程序，开始打浆，运转约15分钟，即成豆浆。
4.滤取打好的豆浆，装碗即可。

妈妈喂养经

豆腐含有蛋白质、维生素B₁、叶酸、钙、磷等营养成分，其中钙、磷是组成骨骼的主要成分，且能增强宝宝的免疫力。本品细嫩松软，适合长牙期的宝宝食用。

豆角豆腐糊

◐原料：

豆角85克，豆腐130克，米碎60克

◐做法：

1.开水锅中，放入豆角，焯至断生，捞出，沥干。

2.焯好的豆角剁碎，洗好的豆腐压成泥状，备用。

3.开水锅中，倒入备好的米碎、豆腐。

4.再倒入焯好的豆角，搅拌匀。

5.烧开后用小火煮约30分钟至食材熟透，搅匀。

6.盛出锅中的食材，装碗即可。

妈妈喂养经

牛骨含有蛋白质、脂肪、骨胶原、磷酸钙、磷酸镁等营养成分，具有补肾、补钙等作用，是宝宝的补钙"仓库"，茶树菇中的多糖物质，可增强宝宝免疫力。

茶树菇煲牛骨

◐原料：

牛骨段500克，茶树菇100克，姜片、葱花各少许

◐调料：

盐3克，鸡粉2克，料酒少许

◐做法：

1.茶树菇切成段；开水锅中倒入洗净的牛骨段，淋入料酒，搅散，煮沸，汆去血水，撇去浮沫，捞出。

2.砂锅中注入清水烧开，倒入汆好的牛骨，放入姜片、茶树菇，淋入少许料酒。

3.用小火炖煮2小时至熟，加入盐、鸡粉，搅匀。

4.盛出煮好的汤，装入汤碗中，撒上葱花即可。

排铅食谱

妈妈不再担心！

随着铅污染越来越严重，铅中毒现象也越来越多。铅毒就像茶壶中的水垢一样，不能被自身分解。研究发现，血里的铅含量第一次超标，孩子的智商就会降低11.7分。因此，妈妈应防止宝宝发生铅中毒，以免影响身体各方面的发育。

宝宝铅中毒表现

首先有"脑子灌了铅"的症状，出现注意力涣散、记忆力减退、智商低下、食欲不振、贫血、失眠多梦、头昏、疲乏等；再往后会有"肢体灌了铅"的症状，腿抬不起来、手抬不起来等；最后还会出现腹绞痛、麻痹、惊厥、抽搐、昏迷等多器官损伤的表现。

如何排铅

★营养排铅。通过摄入营养物质，阻止铅在消化道内被吸收，如摄入膳食纤维，能使铅直接通过粪便排出体外，不产生不良反应；通过补充维生素A、维生素C、维生素D、植物果胶和钙、铁、锌，也可达到排铅抑铅的效果。有排铅功效的食物有：牛奶、绿豆、紫菜等。

★日常预防：①勤洗手、勤剪指甲，经常清洗玩具；②近马路的居室要经常用湿布擦除孩子能触及部位的灰尘；③教育儿童不到马路边和铅作业工厂附近玩耍；④不在车多的街道推着婴儿车散步；⑤工作场所有铅污染的人员不要将工作服穿回家；⑥少吃含铅量高的食品（如皮蛋、爆米花）；⑦早晨打开自来水龙头放出来的第一段水不能用来为孩子烹食。

解读血铅检测

全球公认的小儿铅中毒诊断和分级主要以血铅水平为指标，共分为5级：

Ⅰ级：血铅小于99微克/升，相对安全；

Ⅱ级：血铅100~199微克/升，血红素代谢受影响，神经传导速度下降；

Ⅲ级：血铅200~499微克/升，铁锌钙代谢受影响，出现缺钙、血红蛋白合成障碍，可伴有免疫力低下、注意力不集中或体格生长迟缓等症状；

Ⅳ级：血铅500~699微克/升，可出现性格多变、多动症、运动失调、视力下降和心律失常等症状；

Ⅴ级：血铅大于等于700微克/升，可导致肾功能损害、铅性脑病甚至死亡。

芹菜苹果汁

原料：
苹果100克，芹菜90克

调料：
白糖7克

做法：
1.芹菜切成粒状，苹果去果核，果肉切成小块。
2.取榨汁机，选择搅拌刀座组合，倒入切好的食材。
3.注入少许矿泉水，通电后选择"榨汁"功能，将食材榨成蔬果汁，加入白糖。
4.再次选择"榨汁"功能，搅拌一会儿，至糖溶化。
5.断电后倒出榨好的蔬果汁，装碗即成。

妈妈喂养经

苹果和芹菜都是富含维生素的食材，且含水和膳食纤维高，具有一定的排毒功效，有助于宝宝体内铅的排出，且无不良反应，适合宝宝长期食用。

山楂麦芽益食汤

原料：
猪肉200克，山楂8克，淮山5克，水发麦芽5克，蜜枣3克，陈皮2克，高汤500毫升

调料：
盐2克

做法：
1.猪肉放在开水锅中汆至变色，捞出，过冷水，沥干。
2.锅中注入高汤烧开，倒入汆好的猪肉。
3.放入去籽的山楂、洗好的麦芽、淮山、蜜枣、陈皮，搅匀。
4.烧开后转小火煮1~3小时，加盐调味，拌煮片刻至食材入味。
5.盛出煮好的汤，装入碗中即可。

妈妈喂养经

山楂、陈皮和麦芽都具有一定的消食作用，可防止铅在体内沉积，促进其排泄。高汤富含钙，能拮抗机体对铅的吸收。搭配猪肉食用，可补充蛋白质。

功能食谱

妈妈喂养经

绿豆有很好的排铅功效，马齿苋含纤维素丰富，能促进胃肠蠕动，提高机体的排铅速率。本品特别适合体内铅量较高的宝宝食用。

马齿苋薏米绿豆汤

◑原料：

马齿苋40克，水发绿豆75克，水发薏米50克

◑调料：

冰糖35克

◑做法：

1.将洗净的马齿苋切段，备用。

2.砂锅中注入适量清水烧热，倒入备好的薏米、绿豆，拌匀。

3.盖上盖，烧开后用小火煮约30分钟。

4.揭盖，倒入马齿苋，拌匀。

5.盖上盖，用中火煮约5分钟。

6.揭盖，倒入冰糖，拌匀，煮至溶化。

7.关火后盛出煮好的汤即成。

功能食谱

妈妈喂养经

彩椒和茄子都含有较多的维生素和纤维素，有助于血铅的排泄。且大蒜中大蒜素是较好的抑菌素，能够抑制多种细菌对宝宝造成的"侵袭"。

蒜泥蒸茄子

◑原料：

茄子300克，彩椒40克，蒜末45克，香菜、葱花各少许

◑调料：

生抽5毫升，陈醋5毫升，鸡粉2克，盐2克，芝麻油2毫升，食用油适量

◑做法：

1.彩椒切粒，茄子去皮，切上网格花刀，放盘中摆放整齐。

2.把蒜末、葱花放入碗中，淋入生抽、陈醋；加鸡粉、盐、芝麻油，拌成味汁。

3.把味汁浇在茄子上，放上彩椒粒。

4.把加工好的茄子放入烧开的蒸锅中。

5.用大火蒸10分钟，撒上葱花。

6.浇上少许热油，放上香菜点缀即可。

PART 5

呵护小天使，
宝宝常见病食疗菜谱

　　宝宝的到来，为家庭增添了无限的欢乐，当然，也少不了那些突如其来的"小麻烦"。宝宝抵抗力差、免疫力低，受到各种疾病的"骚扰"在所难免，尤其是感冒、发热、咳嗽等常见病的"频繁串门"，总会让爸爸妈妈们揪心。

　　本章特别针对宝宝几种常见病，介绍饮食调养方案，并配合日常护理，为您在遇到问题时提供一些参考，帮助宝宝更轻松地预防和战胜疾病。愿您的宝贝能远离疾病，健康快乐地成长！

湿疹

轻松消疹有秘方！

婴儿湿疹，俗称奶癣，是2岁内宝宝的常见疾病，尤以1岁内较多，约占80％。婴儿湿疹是由多种复杂的内、外因素引起的一种具有多形性皮损和易有渗出倾向的皮肤炎症性反应。本病病因复杂难以确定，常见原因有：对食物、吸入物或接触物不耐受或过敏，精神受刺激，精神过度紧张等。

主要症状

最初表现为宝宝的两颊发痒，皮肤发红，继而出现较密集的小米粒样皮疹，即红色丘疹或疱疹，后连成片，水疱破后流黄色渗出液，水干后结黄痂。皮损往往是对称性分布。

日常护理

1.选用棉质衣物、被褥

小儿的内衣和被褥应选择细软的棉质布料，不要穿化纤织物；外衣忌羊毛织物，推荐穿棉料的夹袄、布衫等。衣物要适当宽大些，减少衣物与宝宝皮肤的摩擦。

2.不宜勤洗澡

洗澡会让皮肤变得干燥，所以湿疹较严重时不要洗澡，最好不洗头、洗脸；平时洗澡时水温不宜过高，更不要勤洗澡。

3.避免皮肤刺激

患儿的洗浴用品应温和不刺激，避免使用碱性肥皂、乳液等。

饮食调理

1.远离过敏食物

添加辅食时，应由少到多一种一种地加，使孩子慢慢适应，也便于家长观察是何种食物引起过敏。

2.饮食清淡、易消化

给患儿多吃清淡、易消化、含有丰富维生素和矿物质的食物，如绿叶菜汁、胡萝卜汁、果泥等，有利于调节婴幼儿的新陈代谢。

3.定时喂奶

不要让宝宝过饥或过饱，防止因便秘及消化不良而诱发湿疹。

薏米炖冬瓜

原料:

冬瓜230克,薏米60克,姜片、葱段各少许

调料:

盐2克,鸡粉2克

做法:

1.洗好的冬瓜去瓤,再切小块,备用。

2.砂锅中注入适量清水烧热。

3.倒入切好的冬瓜、洗好的薏米,撒上姜片、葱段。

4.盖上盖,锅中清水烧开后用小火煮约30分钟至熟。

5.揭盖,加入盐、鸡粉,拌匀调味。

6.关火后盛出煮好的菜肴即可。

妈妈喂养经

　　冬瓜性凉、味甘,含有蛋白质、维生素C、钙、磷、铁等营养成分,具有清热解毒、利水消肿、润肺生津的功效,可以辅助防治婴幼儿湿疹。

黄瓜拌玉米笋

原料:

玉米笋200克,黄瓜150克,蒜末、葱花各少许

调料:

盐3克,鸡粉2克,生抽4毫升,辣椒油6毫升,陈醋8毫升,芝麻油适量

做法:

1.将玉米笋切成小段,黄瓜切小块。

2.将玉米笋焯至断生,待用。

3.往玉米笋、黄瓜块中撒上蒜末、葱花,加入辣椒油、盐、鸡粉。

4.淋入陈醋、生抽,搅拌匀,再淋入芝麻油,快速拌匀。

5.盛出食材,摆好盘即成。

妈妈喂养经

　　黄瓜含有维生素B$_2$、维生素C、维生素E等营养成分,具有除热利尿、清热解毒的功效,可辅助治疗小儿湿疹导致的皮疹潮红、渗液、瘙痒等症状。

推荐食谱

妈妈喂养经

绿豆富含蛋白质、维生素E等成分，具有清热、消炎之效，搭配莲子、百合，还能缓解婴幼儿的湿疹症状。

莲子百合绿豆甜汤

◖ 原料：

水发百合60克，水发莲子80克，枸杞15克，水发绿豆120克

◖ 调料：

冰糖25克

◖ 做法：

1.砂锅中注清水烧开，放入洗净的绿豆、莲子，搅拌匀。

2.盖盖，煮约30分钟，至食材熟软。

3.揭盖，放入百合、枸杞，搅拌匀。

4.再盖上盖，用小火煮15分钟，至食材熟透。

5.揭开盖子，放入冰糖，搅拌匀，继续拌煮至冰糖溶化，关火后盛出，装入碗中即可。

推荐食谱

妈妈喂养经

丝瓜含有蛋白质、脂肪、钙、磷、铁及维生素C、瓜氨酸等，有清热解渴、补充人体水分的作用。对婴幼儿的湿疹有一定的食疗效果。

香菇丝瓜汤

◖ 原料：

鲜香菇30克，丝瓜120克，高汤200毫升，姜末、葱花各少许

◖ 调料：

盐2克，食用油少许

◖ 做法：

1.香菇切粗丝，丝瓜去皮，切成小块。

2.用油起锅，下入姜末，爆香，放入香菇丝，炒至变软。

3.放入切好的丝瓜，翻炒匀。

4.待丝瓜析出汁水后注入备好的高汤，搅拌均匀。

5.盖上盖，用大火煮至汤汁沸腾。

6.揭盖，加入盐，续煮至入味，关火后盛出，撒上葱花即成。

马齿苋瘦肉粥

推荐食谱

妈妈喂养经

◗ 原料：

马齿苋40克，瘦肉末70克，水发大米100克

◗ 调料：

盐2克，鸡粉2克

◗ 做法：

1.洗好的马齿苋切碎，备用。

2.砂锅中注入适量清水烧开，倒入洗好的大米，搅拌匀。

3.盖上盖，用小火炖约30分钟，至大米熟软。

4.揭开盖，倒入瘦肉末，煮至沸。

5.放入马齿苋，加入盐、鸡粉。

6.搅匀调味，用小火再煮片刻。

7.关火后盛出煮好的瘦肉粥，装入汤碗中即可。

马齿苋含有胡萝卜素、维生素B₁、维生素B₂、维生素C等多种营养成分，具有清热利湿、解毒消肿、止渴、利尿作用，对湿疹患儿有很好的食疗作用。

丝瓜炒山药

推荐食谱

妈妈喂养经

◗ 原料：

丝瓜120克，山药100克，枸杞10克，蒜末、葱段各少许

◗ 调料：

盐3克，鸡粉2克，水淀粉5毫升，食用油适量

◗ 做法：

1.将丝瓜切成小块，山药切成片。

2.开水锅中，加食用油、1克盐，倒入山药片、枸杞、丝瓜，至食材断生后捞出。

3.用油起锅，放入蒜末、葱段，爆香，倒入焯好的食材，翻炒匀。

4.加入鸡粉、2克盐，炒匀调味，淋入水淀粉，快速炒匀，至食材熟透。

5.关火后盛出食材，装入盘中即成。

丝瓜含有蛋白质、钙、磷、铁及维生素B₁、维生素C、皂苷、植物黏液、木糖胶等营养成分，有滋阴清热、健脾和胃的作用，适用于婴幼儿湿疹患者。

助宝宝抗感有一手！

感冒

感冒又称急性上呼吸道感染，是小儿常见的疾病。该病主要侵犯鼻、鼻咽和咽部，多以病毒感染为主，可占源发上呼吸道感染的90%以上，细菌引起的较少见。此病全年均可发生，气候骤变及冬春时节发病率较高，任何年龄小儿皆可发病，婴幼儿及学龄前儿童较为常见，潜伏期一般2～3天，感冒可持续7～8天。

主要症状

局部症状：鼻塞、流涕、喷嚏、干咳、咽部不适和咽痛等，大多于3～4天自然痊愈。

全身症状：发热、烦躁不安、头痛、乏力等。部分患儿有食欲不振、呕吐、腹泻、腹痛等消化道症状。

日常护理

1.积极锻炼

幼儿需适当参加户外活动或进行体育锻炼，持之以恒，可增强体质，减少上呼吸道感染频率。

2.注意空气流通与湿润

即使是宝宝生病了，也要每天开窗通风，让室内拥有充足的新鲜空气。室内可用加湿器增加宝宝居室的湿度，尤其是夜晚能帮助宝宝更顺畅地呼吸。

3.注意温度变化

适时加减衣服，穿衣过多或过少，室温过高或过低，天气骤变，都有可能诱发感冒。

饮食调理

1.吃易消化的食物

婴幼儿在感冒时，最好吃容易消化且营养较高的食物，如富含优质蛋白的鱼、肉等制成的汤、粥，不宜食用煎、炸、油腻的食物。

2.补充维生素C

预防幼儿感冒，可多吃富含维生素C的水果及黄绿色蔬菜，有助于增强抵抗力。

3.注意提高食欲

宝宝感冒后食欲会下降，做温和又容易吞咽的食物，有助于提高食欲。

推荐食谱

妈妈喂养经

香菇大米粥

◖原料：

水发大米120克，鲜香菇30克

◖调料：

盐、食用油各适量

◖做法：

1.将香菇切成丝，改切成粒，备用。

2.砂锅中注入适量清水烧开，倒入洗净的大米，搅拌均匀。

3.盖上锅盖，烧开后用小火煮约30分钟至大米熟软。

4.揭开锅盖，倒入香菇粒，煮至断生。

5.加入少许盐、食用油，搅拌片刻至食材入味。

6.关火后盛出煮好的粥，装入碗中，待稍微放凉后即可食用。

香菇含有的有效成分能提高机体的免疫力，大米能温中养胃，二者搭配食用，能有效提高感冒幼儿的抗病能力，是婴幼儿的食疗佳品。

推荐食谱

妈妈喂养经

西瓜绿豆粥

◖原料：

水发大米95克，水发绿豆45克，西瓜肉80克

◖调料：

白糖适量

◖做法：

1.西瓜肉切薄片，再切条，切成小块。

2.砂锅中注入适量清水烧开，倒入洗好的大米，搅拌匀。

3.放入洗净的绿豆，搅拌均匀。

4.盖上盖，烧开后用小火煮约30分钟至食材熟透。

5.揭盖，加入白糖，拌匀，煮至溶化。

6.倒入西瓜块，快速搅拌均匀。

7.关火后盛出粥，装入碗中即可。

西瓜具有清热解暑的功效，搭配清热解毒的绿豆同食，能有效帮助风热感冒的婴幼儿祛风散热，减轻感冒症状。

推荐食谱

葱白炖姜汤

⬤原料：

姜片10克，葱白20克，红糖少许

⬤做法：

1.将姜片、葱白洗净。

2.砂锅中注入适量清水烧热。

3.倒入备好的姜片、葱白，拌匀。

4.盖上盖，砂锅中的水烧开后用小火煮约20分钟至熟。

5.揭开盖，放入红糖，搅拌匀。

6.关火后盛出煮好的姜汤，待稍微放凉后即可饮用。

妈妈喂养经

　　葱白不仅能诱导血细胞产生干扰素，增强人体的免疫功能，提高抗病能力，还有发汗解表的作用。与生姜同煮，则发汗解表散寒之力更强。

推荐食谱

玉米片红薯粥

⬤原料：

红薯180克，玉米片90克

⬤做法：

1.去皮洗净的红薯切滚刀块，备用。

2.砂锅中注入适量清水烧热，倒入备好的玉米片。

3.盖上盖，烧开后用小火煮约30分钟。

4.揭开盖，倒入切好的红薯。

5.再盖上盖，用小火续煮约20分钟，至食材熟透。

6.揭盖，搅拌几下，关火后盛出煮好的红薯粥。

7.装入碗中，待稍放凉后即可食用。

妈妈喂养经

　　红薯含有淀粉、果胶、纤维素、氨基酸、维生素及多种矿物质，能促进胃肠蠕动，减轻胃肠道负担，帮助感冒患儿恢复食欲，增强机体免疫力。

南瓜西红柿面疙瘩

原料:

南瓜75克,西红柿80克,面粉120克,茴香叶末少许

调料:

盐2克,鸡粉1克,食用油适量

做法:

1.西红柿切小瓣;南瓜切成片。

2.把面粉装入碗中,加1克盐,搅拌均匀。

3.倒入食用油,拌匀,至其呈稀糊状。

4.砂锅中注入清水烧开,加1克盐、食用油、鸡粉,倒入南瓜,煮至其断生。

5.倒入西红柿,烧开后用小火煮约5分钟;倒入面糊,至面糊呈疙瘩状。

6.拌煮至粥浓稠,盛出面疙瘩,点缀上茴香叶末即可。

妈妈喂养经

　　西红柿具有增进食欲、提高蛋白质消化率、减少胃胀食积的功效,提供所需营养的同时,能调节机体免疫力,增强感冒婴幼儿的抗病能力。

白萝卜肉丝汤

原料:

白萝卜150克,瘦肉90克,姜丝、葱花各少许

调料:

盐2克,鸡粉2克,水淀粉、食用油各适量

做法:

1.白萝卜洗净切丝,瘦肉切丝。

2.将肉丝装入碗中,加1克盐、1克鸡粉、水淀粉,淋入食用油,腌渍至入味。

3.用油起锅,放入姜丝,爆香,放入白萝卜丝,翻炒均匀。

4.倒入清水,加入1克盐、1克鸡粉,拌匀。

5.盖上盖,煮沸后用中火煮2分钟至熟。

6.揭盖,放入肉丝,煮至食材熟透。

7.把汤盛入碗中,撒入葱花即可。

妈妈喂养经

　　白萝卜中含有丰富的维生素A、维生素C等各种维生素,猪瘦肉也是B族维生素良好的来源,两者同食,能有效预防感冒。

发热

食物降温品

功效！

小儿为"稚阳之体"，体温在36.9～37.5℃都为正常。一般当体温超过基础体温1℃以上时，可认为发热。引起小儿发热原因多样，常见的某些变态反应有：疫苗接种、输液和输血的变态反应等。当然，各种急性传染病早期或各系统急性感染性疾病也可引起急性高热。

主要症状

宝宝发热时，通常还伴有面红、烦躁、呼吸急促、吃奶时口鼻出气热、口腔发干、手脚发烫等症状。所谓低热是指腋温为37.5～38℃，中度热38.1～39℃，高热39.1～40℃，超高热则为41℃以上。

日常护理

1.物理降温

宝宝发热后行之有效的办法是物理降温，不要随便使用退热药物，以免引起毒性反应。

2.体温在38℃以下

一般不需要特殊处理，但是要多观察、多喂水，水有调节温度的功能，可使体温下降及补充机体丢失的水分。

3.体温在38～38.5℃

可将褓襁打开，然后给宝宝盖上薄些的衣物，使宝宝的皮肤散去过多的热，室温一般要保持在15～25℃。

4.体温高于38.5℃

体温超过38.5℃，持续超过72小时，请及时就医。

饮食调理

1.发热时饮食

发热时宝宝饮食以流质、半流质为主。可食用牛奶、米汤、绿豆汤、少油的荤汤及各种果汁等。

2.好转时饮食

宝宝体温下降，适合少量多餐，饮食应以清淡、易消化为主，可以喂宝宝一些藕粉、代乳粉等。

3.不勉强进食

发热时食欲不振的宝宝，千万不要勉强进食。

推荐食谱

妈妈喂养经

　　酸梅含有维生素A、氨基酸，有增进食欲、帮助消化的作用，与清凉败火的苦瓜同食，有助于宝宝退热。

梅汁苦瓜

◖原料：

苦瓜180克，酸梅酱50克

◖调料：

盐3克

◖做法：

1.洗净的苦瓜对半切开，去籽，切成段，再切成条。

2.锅中注入清水烧开，放入1克盐，倒入苦瓜，煮至其断生，捞出，备用。

3.把苦瓜倒入碗中，加入2克盐，搅拌片刻，倒入酸梅酱。

4.搅拌至食材入味。

5.盛出拌好的食材，装入盘中即可。

推荐食谱

妈妈喂养经

　　冬瓜含有多种维生素和人体所必需的微量元素，可调节人体的代谢平衡，起到养胃生津、清热利水的作用，有助于缓解发热症状，对发热患儿有益。

芥蓝炒冬瓜

◖原料：

芥蓝80克，冬瓜100克，胡萝卜40克，水发木耳35克，姜片、蒜片、葱段各少许

◖调料：

盐4克，鸡粉2克，料酒4毫升，水淀粉、食用油各适量

◖做法：

1.把胡萝卜切成片，木耳切成小块，冬瓜切成片，芥蓝切成长约3厘米的段。

2.将木耳、胡萝卜、冬瓜、芥蓝焯至断生，捞出，待用。

3.用油起锅，放入姜片、蒜末、葱段，倒入焯好的食材，淋上料酒，加入盐、鸡粉，翻炒至入味，倒入水淀粉。

4.快速翻炒材料至熟透，盛出即成。

推荐食谱

妈妈喂养经

火龙果含有丰富的维生素C、水溶性纤维素、植物性蛋白、铁等；与西瓜搭配榨汁，有润肠、生津的功效，对防治小儿发热、口渴等十分有效。

火龙果西瓜汁

⊙原料：

西瓜130克，火龙果80克

⊙做法：

1.洗净的西瓜切开，去皮，取出果肉，再切成小块。

2.备好的火龙果切开，取出果肉，切成小块，备用。

3.取榨汁机，选择搅拌刀座组合；放入果肉，倒入纯净水，盖上盖。

4.选择"榨汁"功能，榨取果汁。

5.断电后揭开盖，将榨好的果汁倒入碗中即可。

推荐食谱

妈妈喂养经

莲藕含有黏液蛋白及纤维素，能促进胃肠蠕动、健脾开胃；雪梨能够清肺热，对幼儿发热有一定的食疗作用，故本品适合发热的幼儿食用。

梨藕粥

⊙原料：

水发大米150克，雪梨100克，莲藕95克，水发薏米80克

⊙做法：

1.将莲藕切成丁，雪梨切小块，备用。

2.砂锅中注入适量清水烧开，倒入洗净的大米。

3.再放入洗好的薏米，搅拌匀，使米粒散开。

4煮沸后用小火煮约30分钟，至米粒变软，倒入莲藕、雪梨，搅拌匀。

5.用小火续煮约15分钟，至食材熟透，轻轻搅拌一会儿。

6.关火后盛出煮好的梨藕粥，装入汤碗中，待稍微冷却后即可食用。

推荐食谱

妈妈喂养经

荷叶清香升散，具有清热发汗的功效；桑叶具有较强的抗炎作用，对急性传染病所致的发热有良好的退热作用。两者同食，是发热患儿的食疗佳品。

桑叶荷叶粳米粥

原料：

桑叶10克，荷叶10克，水发大米150克，小米80克

调料：

白糖15克

做法：

1.开水锅中倒入桑叶、荷叶，搅匀。

2.盖上盖，用小火煮15分钟，至其完全析出有效成分。

3.揭开盖，把桑叶和荷叶完全捞干净。

4.倒入洗好的大米、小米，搅拌均匀。

5.盖上盖，续煮30分钟，至米粒熟透。

6.揭开盖子，放入白糖，搅拌均匀，至白糖完全溶化。

7.关火后将粥盛出，装入碗中即可。

推荐食谱

妈妈喂养经

冬瓜具有清热利尿的作用，搭配生津止渴的甘蔗同食，不仅有利于发热患儿降温，还有利于患儿改善口干口苦等症状。

甘蔗冬瓜汁

原料：

甘蔗汁300毫升，冬瓜270克，橙子120克

做法：

1.洗净的冬瓜去皮，改切成薄片。

2.洗好的橙子切开，切小瓣，去籽，去除果皮。

3.锅中注清水烧开，倒入切好的冬瓜，拌匀，煮5分钟，至其熟软，捞出。

4.取榨汁机，选择搅拌刀座组合，倒入橙子、冬瓜，加入甘蔗汁。

5.盖好盖，通电，选择"榨汁"功能，榨取蔬果汁。

6.断电后取下搅拌杯，倒出汁水，装入碗中即可饮用。

咳嗽

用愁! 食物止咳不

小儿咳嗽是一种防御性反射运动，可以阻止异物吸入，防止支气管分泌物的积聚，清除分泌物，避免呼吸道继发感染。任何疾病引起的呼吸道急、慢性炎症均可引起咳嗽，应辨明病因，对症治疗。对于有痰的儿童，不能使用止咳药，可给予化痰的药物和食物，并观察孩子能否顺利排痰。

主要症状

导致咳嗽的原因不同，可能伴随的症状也不同，咳嗽或伴发热，或伴胸痛，或伴体重减轻，或伴呼吸困难，或伴杵状指，或伴哮鸣音。当咳嗽发生时，只要仔细观察，对于咳嗽种类、性质是不难判断的。

日常护理

1.注意脚部保暖

儿童脚部的血液循环较差，尤其是婴幼儿体温调节中枢不完善，御寒能力差。如果脚部着凉，可导致全身供血不足，降低抵抗能力，有可能引发呼吸道感染。

2.保证睡眠质量

孩子体内生长激素主要在10点以后分泌较多，11点左右是生长激素分泌较旺盛的时候。父母要培养孩子良好的睡眠习惯，以此抵御呼吸道感染。

3.注意室内卫生

保持室温、干湿度适宜，防止烟尘及特殊气味刺激，外出应戴口罩。

饮食调理

1.少吃油腻食物

鱼、蟹、虾和肥肉等荤腥、油腻食物，可助湿生痰，有的还可以引起变态反应，加重病情，应少吃为妙。

2.多补充营养

多补充富含蛋白质、胡萝卜素、维生素C的食物，能兴奋中枢神经，增进食欲，并有祛痰作用。

3.禁食寒凉的食物

寒凉的食物容易造成肺气闭塞，使咳嗽症状加重，日久不愈。

推荐食谱

妈妈喂养经

山药富含多种维生素和矿物质等，能增强人体免疫力，搭配清肺润燥的银耳同食，有助于改善婴幼儿咳嗽、咳痰的症状。

银耳山药甜汤

原料：
水发银耳160克，山药180克

调料：
白糖、水淀粉各适量

做法：
1.山药洗净去皮切成小块，银耳切成小朵，备用。
2.砂锅中注入适量清水烧热。
3.倒入切好的山药、银耳，搅拌匀。
4.盖上盖，烧开后用小火煮约35分钟，至食材熟软。
5.揭盖，加入适量白糖，拌匀，转大火略煮一会儿。
6.倒入水淀粉，拌匀，煮至汤汁浓稠。
7.关火后盛出煮好的山药甜汤即可。

推荐食谱

妈妈喂养经

玉竹具有养阴、润燥、除烦、止渴的作用，百合能养心安神、润肺止咳，两者熬粥，不仅能辅助缓解婴幼儿咳嗽症状，还能清热化痰。

百合玉竹粥

原料：
水发大米130克，鲜百合40克，水发玉竹10克

做法：
1.砂锅中注入适量清水烧热，倒入洗净的玉竹、大米，拌匀。
2.盖上盖，烧开后用小火煮约15分钟。
3.揭开盖，倒入洗净的百合，用汤勺搅拌均匀。
4.再盖上盖，用小火续煮约15分钟至食材熟透。
5.揭开盖，搅拌均匀。
6.关火后盛出煮好的粥，稍微放凉后即可食用。

推荐食谱

妈妈喂养经

西红柿柚子汁

◖原料：

西红柿60克，柚子肉80克

◖做法：

1.开水锅中放入西红柿，煮1分钟至其表皮裂开。

2.捞出西红柿，放凉后去除表皮，切成小块。

3.柚子肉剥开去籽，将果肉掰成小块。

4.取榨汁机，选择搅拌刀座组合，倒入备好的西红柿、柚子肉，注入适量纯净水，盖上盖。

5.通电后选择"榨汁"功能，榨取新鲜的蔬果汁。

6.断电后倒出蔬果汁，装入干净的玻璃杯中即可。

西红柿中含有的柠檬酸、苹果酸和糖类等，搭配具有润肺清肠、理气化痰作用的柚子同食，能帮助咳嗽患儿除痰止咳、理气散结。

推荐食谱

妈妈喂养经

黄瓜雪梨汁

◖原料：

黄瓜120克，雪梨130克

◖做法：

1.洗好的雪梨切瓣，去除梨核，削去果皮，切小块。

2.洗净的黄瓜切开，再切成条，改切成丁，备用。

3.取榨汁机，选择搅拌刀座组合，将切好的雪梨、黄瓜倒入搅拌杯中。

4.加入适量矿泉水。

5.盖上盖，通电，选择"榨汁"功能，榨取蔬果汁。

6.断电，揭开盖，将榨好的蔬果汁倒入杯中即可。

雪梨味甘、性寒，含有苹果酸、柠檬酸及维生素B_1、维生素B_2、维生素C、胡萝卜素等营养成分，具有生津润燥、清热化痰的功效，是咳嗽患儿的食疗佳品。

川贝枇杷汤

❶原料：

枇杷40克，雪梨20克，川贝10克

❶调料：

白糖适量

❶做法：

1.将洗净的雪梨去皮，去核，切成小块，备用。

2.将洗净的枇杷去蒂，切开，去核，再切成小块。

3.锅中注入清水烧开，将备好的枇杷、雪梨和川贝倒入锅中。

4.搅拌片刻，盖上锅盖，用小火煮20分钟至食材熟透。

5.揭开锅盖，倒入白糖，搅拌均匀。

6.将煮好的糖水盛出，装入碗中即可。

妈妈喂养经

枇杷含有多种矿物质及维生素A、B族维生素、维生素C等营养成分，搭配具有润肺、止咳、化痰等功效的川贝同食，能有效改善婴幼儿咳嗽的症状。

马蹄胡萝卜饺子

❶原料：

马蹄100克，胡萝卜120克，熟猪油20克，饺子皮数张

❶调料：

盐、鸡粉各2克，芝麻油3毫升，食用油适量

❶做法：

1.马蹄、胡萝卜切成粒。

2.将胡萝卜、马蹄煮至断生，备用。

3.马蹄和胡萝卜中加盐、鸡粉，调匀，放入熟猪油、芝麻油，制成馅。

4.取饺子皮，包入馅料，制成饺子生坯。

5.取蒸盘，刷上一层食用油，放上饺子生坯，将蒸盘放入烧开的蒸锅中。

6.用大火蒸4分钟，至饺子生坯熟透，取出蒸好的饺子，装入盘中即可。

妈妈喂养经

胡萝卜富含胡萝卜素、B族维生素、维生素C等营养成分，具有清热解毒、降气止咳的功效，搭配马蹄食用，对幼儿的咳嗽症状有一定的食疗作用。

妈妈喂养经

罗汉果具有养心润肺、清热解暑、化痰止咳等功效,搭配含有蛋白质、纤维素、胡萝卜素、铁、镁、钙等营养成分的银耳,对咳嗽有非常好的疗效。

罗汉果闷银耳

◑ 原料:

水发银耳、去皮雪梨各100克,罗汉果30克,枸杞5克

◑ 调料:

冰糖40克

◑ 做法:

1. 罗汉果切成小块;雪梨切成小块。
2. 银耳切去根部,撕成小块,待用。
3. 往焖烧罐中倒入食材,注入沸水至八分满,盖上盖,预热1分钟;打开盖,倒出水。
5. 焖烧罐中倒入枸杞、冰糖,注沸水至八分满。
6. 盖上盖,摇晃片刻,闷2小时至食材熟透。

妈妈喂养经

雪梨含有苹果酸、柠檬酸、维生素B_1、维生素C、胡萝卜素等营养成分,百合能养阴润肺,这道粥具有很好的养心润肺、解毒清燥、止咳化痰的功效。

雪梨百合粥

◑ 原料:

去皮雪梨50克,水发百合10克,玉米粒20克,水发大米30克,水发枸杞3克

◑ 调料:

白糖20克

◑ 做法:

1. 雪梨切丁。
2. 往焖烧罐中倒入大米、雪梨、百合、玉米粒,倒入沸水至八分满。
3. 旋紧盖子,摇晃片刻,静置1分钟,使得食材和焖烧罐充分预热。
4. 揭盖,将开水倒出。
5. 接着往焖烧罐中倒入枸杞,注沸水至八分满。
6. 盖盖,闷3小时,揭盖,加白糖即可。